国家出版基金项目
NATIONAL PUBLICATION FOUNDATION

有色金属理论与技术前沿丛书

青藏高原东南缘
地面隆升机制的地震学研究

SEISMIC STUDY ON MECHANISMS OF SURFACE UPLIFT
BENEATH THE SOUTHEAST TIBET

孙　娅　柳建新　钮凤林　著

Sun Ya　Liu JianXin　Niu FengLin

中南大学出版社
www.csupress.com.cn

中国有色集团

内容简介 / Introduction

　　本书详细介绍了青藏高原东南缘地区的地质构造、地面隆升的动力学模型。为了进一步研究该地区地壳变形和地面隆升的主要动力学机制，本书充分利用中国地震局在青藏高原东南缘的数字台网和其他台网所观测的地震波形资料，首先，采用最新的地震学分析技术——接收函数综合分析方法估算地壳各向异性，进而采用改进的 $H-k$ 叠加方法计算地壳厚度及地壳内纵横波速比。然后对比了地壳各向异性和 SKS 横波分裂参数，论证了地壳各向异性在 SKS 分裂中的比例。最后采用有限频层析成像方法反演上地幔地震 S 波的三维精细速度结构。结合已有的地质和地球物理资料，综合研究青藏高原东南缘壳 – 幔运动耦合特点、地壳形变、地表运动的主要动力学机制等问题。

　　本书可供数字地震学和区域地震动力学等相关研究人员和高等院校相关专业师生使用，也可供地震局、国土部门等专业人员参考阅读。

作者简介

About the Author

　　孙　娅　女，博士，1984 年生，中南大学讲师。自 2003 以来，在中南大学地球科学与信息物理学院学习。2010 年 10 月—2012 年 11 月，受国家留学基金委的资助，赴美国莱斯大学（Rice University）进行博士联合培养学习。2013 年 5 月获中南大学博士学位，同年 7 月进入中南大学地球科学与信息物理学院工作。主要从事深部地震学和地球动力学研究，主要研究对象为地震波接收函数、地壳各向异性、地震波层析成像等。

　　柳建新　男，博士，1962 年 5 月出生，博士生导师。1979 年考入中南矿冶学院应用地球物理专业。现为中南大学地球科学与信息物理学院副院长、新世纪百千万人才工程国家级人选、教育部新世纪优秀人才支撑计划获得者、教育部青年骨干教师、湖南省"121"人才、"地球探测与信息技术"学科带头人、湖南省有色资源与地质灾害探查重点实验室主任、中国有色金属信息物理工程研究中心主任、湖南省第九届、第十届政协委员，兼任湖南省地球物理学会理事长、中国地球物理学会海洋专业委员会常务理事、中国地球物理学会工程专业委员会理事、湖南省第二届知识分子联谊会常务理事、《地质与勘探》编委、《物探化探计算技术》编委、《工程地球物理学报》编委。长期从事矿产资源勘探、工程勘察领域的理论与应用研究，在深部隐伏矿产资源精确探测与定位、生产矿山深部地球物理立体填图、地球物理数据高分辨处理与综合解释、工程地球物理勘察等方面具有深入研究并取得了大量的研究成果。

　　钮凤林　男，博士，1966 年 12 月 20 日出生，博士生导师，"千人计划"入选者，美国莱斯大学教授，目前在中国石油大学（北京）非常规天然气研究院工作，是非常规天然气地球物理探测学科的学术带头人。美国地球物理学会（AGU）会员，美国地震学研究联合会全球地震台网常务委员会委员，美国国家自然基金会评审委员会委员，美国国际开发署中东地区合作计划地质科学基金会评审委员会委员，中国地震学会英文版杂志《地震科学》编委，《自然》科学报告编委。主要从事地球深部结构和动力学研究，主要研究对象为地幔、核-幔边界的精细结构以及内核的三维构造和各向异性。近年来在完善前期研究成果的同时，主要从事地震发生机制的研究，包括地壳和岩石圈的构造及演化、震源破裂过程的成像及反演以及利用主动和被动震源对断层内应力和应变的监测等。

学术委员会
Academic Committee

国家出版基金项目
有色金属理论与技术前沿丛书

主 任

王淀佐　中国科学院院士　中国工程院院士

委 员（按姓氏笔画排序）

于润沧	中国工程院院士	古德生	中国工程院院士
左铁镛	中国工程院院士	刘业翔	中国工程院院士
刘宝琛	中国工程院院士	孙传尧	中国工程院院士
李东英	中国工程院院士	邱定蕃	中国工程院院士
何季麟	中国工程院院士	何继善	中国工程院院士
余永富	中国工程院院士	汪旭光	中国工程院院士
张文海	中国工程院院士	张国成	中国工程院院士
张懿	中国工程院院士	陈景	中国工程院院士
金展鹏	中国科学院院士	周克崧	中国工程院院士
周廉	中国工程院院士	钟掘	中国工程院院士
黄伯云	中国工程院院士	黄培云	中国工程院院士
屠海令	中国工程院院士	曾苏民	中国工程院院士
戴永年	中国工程院院士		

编辑出版委员会

总序 / Preface

当今有色金属已成为决定一个国家经济、科学技术、国防建设等发展的重要物质基础，是提升国家综合实力和保障国家安全的关键性战略资源。作为有色金属生产第一大国，我国在有色金属研究领域，特别是在复杂低品位有色金属资源的开发与利用上取得了长足进展。

我国有色金属工业近30年来发展迅速，产量连年来居世界首位，有色金属科技在国民经济建设和现代化国防建设中发挥着越来越重要的作用。与此同时，有色金属资源短缺与国民经济发展需求之间的矛盾也日益突出，对国外资源的依赖程度逐年增加，严重影响我国国民经济的健康发展。

随着经济的发展，已探明的优质矿产资源接近枯竭，不仅使我国面临有色金属材料总量供应严重短缺的危机，而且因为"难探、难采、难选、难冶"的复杂低品位矿石资源或二次资源逐步成为主体原料后，对传统的地质、采矿、选矿、冶金、材料、加工、环境等科学技术提出了巨大挑战。资源的低质化将会使我国有色金属工业及相关产业面临生存竞争的危机。我国有色金属工业的发展迫切需要适应我国资源特点的新理论、新技术。系统完整、水平领先和相互融合的有色金属科技图书的出版，对于提高我国有色金属工业的自主创新能力，促进高效、低耗、无污染、综合利用有色金属资源的新理论与新技术的应用，确保我国有色金属产业的可持续发展，具有重大的推动作用。

作为国家出版基金资助的国家重大出版项目，"有色金属理论与技术前沿丛书"计划出版100种图书，涵盖材料、冶金、矿业、地学和机电等学科。丛书的作者荟萃了有色金属研究领域的院士、国家重大科研计划项目的首席科学家、长江学者特聘教授、国家杰出青年科学基金获得者、全国优秀博士论文奖获得者、国家重大人才计划入选者、有色金属大型研究院所及骨干企业的顶尖专家。

　　国家出版基金由国家设立，用于鼓励和支持优秀公益性出版项目，代表我国学术出版的最高水平。"有色金属理论与技术前沿丛书"瞄准有色金属研究发展前沿，把握国内外有色金属学科的最新动态，全面、及时、准确地反映有色金属科学与工程技术方面的新理论、新技术和新应用，发掘与采集极富价值的研究成果，具有很高的学术价值。

　　中南大学出版社长期倾力服务有色金属的图书出版，在"有色金属理论与技术前沿丛书"的策划与出版过程中做了大量极富成效的工作，大力推动了我国有色金属行业优秀科技著作的出版，对高等院校、研究院所及大中型企业的有色金属学科人才培养具有直接而重大的促进作用。

王淀佐

2010 年 12 月

前言

/ Foreword

大陆地壳和岩石圈的组成、结构及其内部形变不仅仅是决定地表构造活动的关键，也是揭开大陆动力学演化的重要内容。在过去 50 Ma 间，印度板块与欧亚板块发生碰撞，使青藏高原产生强烈的变形和断裂作用，形成了地球上最壮观且最年轻的造山带，从而造就了该地区独特的地质构造。而作为青藏高原变形的前缘位置，青藏高原东南部地区受印度板块的挤压力作用和来自喜马拉雅弧、缅甸弧的俯冲，东部和北部受扬子板块和华北克拉通阻挡，发生了强烈的挤压变形。尤其是自新生代以来地壳受挤压缩短加厚，强烈隆起，同时向东南方向侧向流动，特别是第四纪以来该过程持续加大，使得该区域的地壳聚集了强大的应力。应力高度集中于边界的断裂带附近，并在挤压过程中，该地区东部受扬子板块的阻挡，形成复杂的地质现象。所以青藏高原东南缘的地壳和上地幔的精细结构，对研究青藏高原的抬升乃至整个大陆动力演化具有重要意义。

本研究充分利用中国地震局在四川、云南、广西、贵州、广东、湖南等区域，自 2007 年 7 月到 2010 年 7 月共四年的宽频数字台网和其他台站所观测的地震波形资料，采用接收函数计算 Moho 面深度（莫霍洛维奇不连续面）和地壳内纵横波速比（V_p/V_s），并在接收函数的基础上引入了一种新的综合性方法计算了地壳各向异性参数。该综合性方法基于地壳各向异性介质中 Moho 面 Ps 转换波的到时，在径向分量和切向分量的接收函数所展现出的性质和谐波分析，估算横波分裂的快波方向和分裂时间。发现在青藏高原东南缘的台站横波分裂时间变化较大，为 0.24～0.9 s 不等。而在相对青藏高原东南边缘较远的其他台站并没有发现地壳内部具有各向异性。同时 Moho 面深度和 V_p/V_s 比值自青藏高原东南边缘向东南方向逐渐变薄变弱。表明青藏高原东南部相对其周围区域含有丰富的铁镁质岩或存在部分熔融。该结果为青藏高原东南地区存在的下地壳流模型提出了最新的地球物理证据。同时对比了上地幔 SKS/SKKS 分裂结果，发现地壳各向异性快波分裂方向与 SKS/SKKS 的上地幔处快波分裂方向基本一致，并且分裂时间与上地幔分裂时间几乎相同，说明青藏高原东南部地区地壳各向异性可能是 SKS/SKKS 横波分裂的主要贡献者。这表明上地幔构造可能是弱变形或者存在地壳与上地幔形变的解耦构造。

另外，将该接收函数综合计算地壳各向异性的方法应用到龙门山地区的地震台网数据上，计算了龙门山地区的地壳结构信息。从该研究区域 58 个台站中测量到 21 个台站下方具有明显的地壳各向异性，分裂时间从 0.22 ~ 0.94 s 分布，平均分裂时间是 0.57 s。地壳各向异性的快波方向在龙门山地区主要呈现西北 - 东南方向。对比了 GPS、SKS 分裂结果，发现龙门山地区的地壳各向异性主要来自于下地壳的构造变形。结合以往的地球物理研究和龙门山地区的陡峭的深断裂带地质背景，提出了在龙门山地区由于青藏高原物质的东向挤压和四川盆地的阻挡，地壳流从中下地壳顺着大的陡峭的深断裂带涌向上地壳，造成了龙门山地区的抬升，这也可能是造成青藏高原东南缘抬升的动力学机制。

为了进一步了解地壳与上地幔结构关系，解析上地幔岩石圈对地表抬升的作用，本研究在已知地壳信息的基础上，又采用有限频层析成像技术反演了该地区上地幔 S 波三维速度结构。由分析测量两台站所接收到穿越地球内部的地震波到时差，反演两个台站下方的构造。计算过程中选择 3 种不同频段的地震 S 波进行综合反演，分别是高频 0.1 ~ 0.5 Hz、中频 0.05 ~ 0.1 Hz、低频 0.02 ~ 0.05 Hz。为了扩大研究区域，本研究改进了台站对的选择方法，保证每个台站在反演矩阵中拥有合适比值。以每一个地震事件中的所有台站对首尾相连形成一个闭合圈，同时保证两个相邻台站间的地表距离大于 200 km。本研究共选用 3 种不同地表距离分别是 200 km、300 km、400 km 的走时差进行联合反演。这样既保证了射线较好地覆盖研究区域也保证了反演结果精细可靠。其结果表明四川盆地具有约 350 km 深的大陆根，在扬子地块的转换带处存在高速异常，这可能与古老的太平洋板块俯冲有关。除此之外，层析成像结果还显示出在青藏高原东南边缘存在一个连续的高速异常体，它沿着东经 100° 和 101° 由南往北连续分布，从北纬 27° 约 100 km 深处到北纬 32° 附近约 350 km，其正上方覆盖着低速异常体，这种倾斜类似俯冲的高速异常体可能是由于印度板块的东北向俯冲所形成的。尽管本研究结果还需要更多证据来证实，但这些新发现为岩石圈拆沉造成高原抬升提供了有力的佐证。

针对以上研究，本专著对青藏高原东南部地区的抬升有了一个综合认识。在印度板块与欧亚板块碰撞之后，青藏高原东南部地区由于印度板块的挤压力作用，在青藏高原地壳内出现下地壳流，造成了青藏高原的逐步抬升。另一方面来自于印度板块俯冲到欧亚板块中的密度大的物质在重力作用下与岩石圈上部发生了部分拆沉现象，破坏了来自于岩石圈底部重物的牵引力作用，形成了岩石圈拆沉机制，从而使得岩石圈以上的地层被抬升。由此可知，青藏高原的地表抬升是多阶段非均匀、不等速过程，是包括有下地壳流和岩石圈部分拆沉等多种动力学机制联合作用的产物。

在该研究过程中特别感谢刘华峰博士、陈敏博士、唐有才副教授、李川博士等给予了数据的支持、方法的指导以及资料的分析等帮助，为完成本专著提供了详尽细致的指导意见，在此向诸位专家表示衷心的感谢。

本书得到国家自然科学基金（No.4140040242）、中南大学创新驱动项目基金（No. 2015CX008）和中国博士后基金（No.2014M552147）资助，在此一并致谢。

孙 娅

2015 - 10 - 29

目录 / Contents

第 1 章 绪 论

1.1 引言

　　大陆地壳和岩石圈的组成、结构及其内部形变的研究不仅是决定地表构造活动的关键，也是揭开大陆动力学演化规律的重点。中国大陆地壳有着复杂的地质构造，是世界上研究造山带、高原、盆地形成和演化的理想环境之一。在过去50 Ma间，印度板块与欧亚板块发生碰撞，使青藏高原产生强烈的变形和断裂，形成了地球上最壮观且最年轻的造山带，从而造就了该地区独特的地质构造。而作为青藏高原变形的前缘位置，青藏高原东南缘受印度板块的挤压力作用和来自喜马拉雅弧、缅甸弧的俯冲，东部和北部受扬子板块和华北克拉通的阻挡，发生了强烈的挤压变形。尤其是自新生代以来地壳受挤压缩短加厚，强烈隆起，同时向东南方向侧向流动，特别是第四纪以来该过程持续加大，使得该区域的地壳聚集了强大的应力。应力高度集中于边界的断裂带处，在挤压过程中由于该地区东部受扬子板块的阻挡，形成复杂的地质现象。所以青藏高原东南缘的地壳和上地幔的精细结构，对研究青藏高原的抬升乃至整个大陆动力演化具有重要意义。

　　地球内部物质弹性变化的规律与岩石演变过程、地质作用有密切关系。在深部复杂的地质作用力下，岩石结构会发生不可逆的结构变化，如岩、矿石物质颗粒的定向排列，就形成了物理参数意义上的各向异性，目前越来越多的野外地震资料和实验岩石样品测试结果证实，地壳内部的岩、矿石在外力作用下对地震波速度表现为地震波各向异性[1]。地震波速度各向异性的程度常用横波分裂的两个速度差除以最大速度或最小速度的百分比来表示(以下地震波各向异性简称各向异性)。现在观测到的地球内部各向异性现象主要集中在地壳、上地幔(浅部220 km 的范围内)和地核内[2]。主要有方位各向异性，地震波速度随传播方向发生变化；横波分裂，两种偏振的 S 波以不同时间到达所产生的差异性；勒夫波和瑞利面波频散之间的不一致性；以及薄互层与裂隙定向分布产生的视各向异性等。地震波各向异性的观测结果可以提供地下矿物的性质、各向异性介质的内部结构和地球内部物质流动或运动方式等多方面的信息，是对地球内部动力学过程的反映。地球内部的各向异性与地下构造密切相关，所以各向异性在了解地壳和上地幔的演化中起着越来越重要的作用。

　　用地震资料来探索地球、了解地球内部结构是现代地震学研究的主要任务之一。地震波层析成像作为研究地下结构信息的主要手段，广泛应用于地壳和上地幔结构的探测中。地震波层析成像是在物体之外发射信号，同时接收到穿过物体且携带物体内部信息的信号，利用反演方法重现物体内部二维或三维清晰图像的过程。该技术最大的特点是在不损坏物体的条件下，探知物体内部结构的几何形态和物体参数的分布[3]以及物体的截面图[4]。它最初起源于医学 X 射线的 CT，随后层析成像技术成为地球物理反演的一种方法。它主要利用地震波中不同震相的运动学(地震波走时、射线路径)和动力学(波形、振幅、相位、频率)资料，进行反演有大量射线覆盖的地下物体的精细结构、速度分布以及弹性参数等重要的信息。地震波层析成像按研究区域的尺度可分为全球层析成像、区域层析成像和局部层析成像；按照理论基础可分为基于射线方程的层析成像和基于波动方程的层析成像。基于射线理论的层析成像方法相对来说发展较早，技术方法也比较成熟，但它只适应于有限高频范围内的地震波走时成像。而近年来基于射线理论发展起来的有限频层析成像方法，考虑到了穿越地球内部非均匀性介质的有限频段的地震波、非均匀介质中由衍射作用所产生的波前复原效应以及不同频率的散射波经互相干涉对地震波走时的影响。有限频的理论结果表明由地震波波形所决定的有限频走时完全不受射线路径上速度结构的影响，对环绕在射线路径周围区域的三维速度结构比较敏感，使得有限频层析成像大大提高了对地球内部精细构造的分辨能力，有限频层析成像也成为了研究三维地球物理精细构造的主要发展方向[5]。

1.2　青藏高原岩石圈结构

　　大陆岩石圈生存期已达 30 ~ 35 亿年，而海洋岩石圈的年龄不超过 2 亿年。青藏高原所在的欧亚大陆及其相邻的西太平洋边缘海域有世界上最复杂的地形地貌，既有太古宇波罗的地盾和长期稳定的西伯利亚、中欧克拉通地台，还有全球面积最大的东欧平原和由冈瓦纳古陆分裂出来的印度板块；以及印度与亚洲陆 - 陆碰撞形成的青藏高原；也有全球最大的西太平洋边缘海沟弧盆系和新生代增生陆块。在该区域大陆岩石圈板块厚度及地表起伏差异极大，在稳定的克拉通地区，岩石圈厚度可达到约 200 km，而在大陆裂谷带，岩石圈减薄到 40 ~ 50 km[6,7]。

　　长期稳定的克拉通有着巨厚的岩石圈盖层，而板块碰撞也会造成岩石圈增厚，如青藏地块、喜马拉雅造山带等。古新世时期(约 55 Ma)印度大陆与欧亚大陆的碰撞，印度岩石圈板片的大规模俯冲与拆沉，在青藏高原以及中亚地区岩石圈叠加增厚，引起青藏高原缩短(2500 km)和地面隆升(5000 m)，形成了现今地球上最高的青藏高原及帕米尔高原和喜马拉雅等造山带。在地壳内由于大规模的楔入及层间滑脱，使地壳加厚并升温，发生部分熔融。

1.2.1　地壳增厚与高原隆升

青藏高原并不是一个均一的整体，而是由多个块体及微块体拼接而成[8]，分别是祁连地块、柴达木地块、昆仑地块、羌塘地块、松潘—甘孜地块、拉萨地块、藏南地块，内部结构复杂，岩石圈横向不均匀性显著。印度板块—欧亚板块碰撞之后，板块之间继续汇聚收敛，如印度板块仍以 44～50 mm/a 的速率往北推进，俯冲到亚洲大陆之下。现在的印度板块要远小于陆–陆碰撞之前的古印度板块。青藏高原在地块拼接碰撞的过程中不断隆升，各地块拼接碰撞经历了洋壳俯冲→陆–陆碰撞→陆内俯冲的过程[9]。洋壳俯冲引起大陆地壳增厚作用明显。陆–陆碰撞之后发生的陆内俯冲，起因于大洋岩石圈板块的重力下沉作用，或地壳薄弱带发生大陆卜插作用，推测青藏高原地块在块体拼合过程中就已经发生不均匀的抬升和地壳增厚。在印度板块缩小的过程中，约有 1500 km 的南北向缩短量由地壳增厚的过程来吸收，使青藏高原具有正常地壳厚度 2 倍的巨厚陆壳（平均厚度 70 km），并形成了印度与西伯利亚板块之间南北 2000 km、东西 3000 km 巨大范围的新生代陆内变形域[10-12]。使得青藏高原成为全球海拔最高、地壳最厚、地形最平、面积最大、形成时间最晚的高原（袁学诚，2006）。高原形成之后，在双向挤压应力继续作用下，沿地块边界发生地壳走滑运动，造成地壳南北向缩短，东西向拉伸，大量物质向北东、东及南东方向逃逸[13]，形成青藏高原地壳厚度东西方向、南北方向差异较大的形态（图 1-1）。

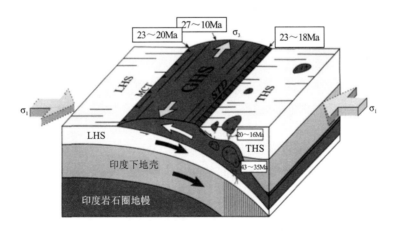

图 1-1　青藏高原南北向缩短，东西向拉伸图

（引自许志琴，2011）

　　青藏高原南北与东西的地壳厚度变化特征是研究青藏高原岩石圈变形的主要依据。Hirn 等(1984)与熊绍柏等人根据中法合作(1981—1982 年)资料分析了青藏高原南部西藏境内的 Moho 面的南北变化,指出在青藏高原南缘和北缘的 Moho 面深度相对较浅,而在青藏高原内部的厚度加大,并且在主要缝合带两头均有不同程度的错断[14]。就高原的整体来看,青藏高原地壳厚度似乎是一个两边薄,内部厚,中心又变薄的透镜形式(图 1 - 2)。而青藏高原沿东西方向的变化特征又是什么样的?据已有资料显示,在喜马拉雅地块内 Moho 面深度在 70 ~ 80 km 范围内不变,而在拉萨地块,INDEPTH III 结果显示了藏北 Moho 面深度为 63 ~ 65 km,东部的下察隅 Moho 面深度变浅,约为 60 km。Zhang 等(2005)认为东西方向的地壳厚度变化可能与羌塘地块的物质逃逸有关[15]。在松潘—甘孜—可可西里地块,虽然已有三条折射剖面穿过该地块,但目前的工作尚不能给出高原内部东西方向的 Moho 面深部的精细变化,但从现有的数据来看,高原的 Moho 面深度似乎西部相对较深,东部相对较浅[16](王椿镛等,2003)。

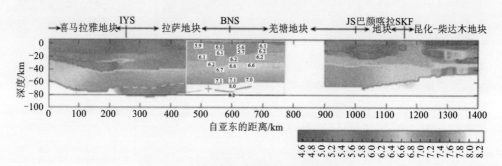

图 1 - 2　青藏高原 Moho 面南北向变化图

(引自李秋生,2004)

　　钟大赉等(1996)认为青藏高原隆升是一个多阶段、不等速、非均匀变化的过程[17]。许志琴等(2004)通过横穿青藏高原的 4 条天然地震层析剖面的横波分裂和三维走时及转换波的资料分析,解释了青藏高原地幔结构与物质性质,提出了青藏高原南部印度岩石圈板块的陆内深俯冲,右旋隆升及物质东流的模型[18]。多年的地球物理调查研究成果已经客观建立了青藏高原岩石圈垂向剖面上的青藏高原构造演化的动力学模型,主要表现为南北夹挤、双向增厚、侧向滑动的变形模式。在南北向挤压作用力下,高原上地壳物质发生逆冲叠置增厚,下地壳受印度次大陆的挤入,挤入的地壳一部分增厚,一部分被动扩散。由于下地壳的物质蠕动机制,引起地块边界发生走滑,主要表现在大的断裂带上的左旋运动。因此,印度次大陆的挤入,导致喜马拉雅山继续以垂直增厚变形为主,而高原内部的大陆则以收缩走滑变形运动为主。根据地震面波资料显示(曾融生等,1992),

青藏高原腹地纵波速度和 Q 值较邻区低，腹地下地壳 50 km 以下和地幔表层存在一个厚的低速层，其范围大致与高热流区和新生代岩浆活动区相对应[19]。地震转换波研究表明在可可西里深度 200～300 km 区域内存在南北长 250 km、厚 60 km 的低速异常区[20]，这说明青藏高原腹地内存在多层次高温异常层或热柱。

1.2.2 岩石圈拆沉与板块剥离

1978 年 Bird 从碰撞造山过程中的热源着手提出了拆沉模式，并以此讨论了青藏高原南缘地区造山带的隆升机制与花岗岩浆作用和变质作用的关系[21]。拆沉作用导致岩石圈地幔下沉，相应的软流圈上涌，使下地壳、岩石圈地幔和软流圈三者发生物质交流，引起岩浆作用、山脉隆升和伸展垮塌等现象。地震波层析成像的研究认为，北向俯冲的印度岩石圈地幔在雅鲁藏布江缝合带以北 50 km 处开始发生地壳的拆离，拆离后的印度岩石圈地幔继续向北俯冲，一直到班公 – 怒江缝合带以北 50～100 km 处，并在 200～250 km 深度下与亚洲岩石圈地幔相遇，向地幔下沉，在地幔转换带 410 km 边界处发生物质转换[22, 23]。曾融生等（2000）认为，喜马拉雅及藏南存在多重地壳俯冲，俯冲的印度地壳与青藏高原的上地幔分离开来，之后印度岩石圈地幔继续向下俯冲，在上地幔留下痕迹[24-25]。许志琴等（2004）详细分析了中法合作的地震层析资料，认为印度岩石圈板片向北缓倾，直达雅鲁藏布江缝合带以北 400 km 的唐古拉山之下，巨型高速异常带被地幔剪切带切割成若干个高速异常体，这可能是印度岩石圈板片俯冲过程中发生断离的地球物理证据[18]。但青藏高原的隆升也并非单纯地由高原内部的均衡调整作用所导致，而应该考虑到更深层的热动力学过程，即不同构造层次的深层热扩展作用及其板块俯冲的联合作用[26]。完整的动力学模式的建立必须尽可能多地把地表观测到的各种地质现象和众多地球物理方法相结合，反映深部动力学信息。

1.3 青藏高原东南缘的地质构造背景及其动力学模型

作为青藏高原变形的前缘位置，青藏高原东南缘的地质形变及其动力学构造变形的模型是研究整个青藏高原的岩石圈变形的直接依据。青藏高原东南缘位于青藏高原的东南部区域，主要包括青海西南部、四川盆地、云贵高原和广西等地区，地形结构复杂，地表起伏较大。该地区的大规模地表隆起、形变、断层运动被广泛认为是由印度板块与欧亚板块碰撞造成的。但目前对于这种大规模地表运动的具体成因以及由碰撞引起的地壳和岩石圈内形变类型仍未有定论。有关地表抬升的成因很多地球物理学家提出了多种动力学模型。针对地壳造成地表抬升模型的观点主要分为两大派：一是"块体挤出模型"[27]，该模型认为沿青藏高原东南部几条深大断裂带发生了显著的块体滑移，促使地壳物质向东南方向挤出（如

图 1 - 3);二是"下地壳流模型"[28-30],该模型认为中下地壳内部存在低黏性软弱层的管道流(channel flow)。管道流又分为两种情况:一种是管道流物质黏度大;另一种是管道流物质黏度较小(图 1 - 4)。无论哪一种动力学模型,它们都认为欧亚板块与印度板块相碰撞造成青藏高原地壳内物质在东边顺着青藏边缘向东南偏南方向挤出。因此争论的焦点是挤出方式究竟是发生在整个地壳还是只限于中下地壳。两种模型对地壳内形变分布有不同的预测。根据"块体挤出"模型,地壳内形变主要局限于该区域重大断层带和剪切区内。"下地壳流模型"则认为相对均匀的形变广泛分布于下地壳内。地质资料显示两种形变在研究区域内都存在。如 Tapponnier 等(1990)发现在过去 30 Ma 印支块体相对于南中国块体沿红河活动断裂带向东南位移了至少 500 km[31],河流下蚀资料则表明这一地区内的大规模地表上升发生在过去 13 Ma[32]。地表上升过程由西北向东南方向延伸,因此被看作是下地壳流向东南扩展的证据[33]。总之,单从地质资料上难以区分两种模型。而大陆岩石圈的组成、结构及其内部形变不仅是决定地表发生构造活动的关键,也是揭示大陆演化动力学的重要资源。因此,大陆岩石圈的形变特征,是目前研究青藏高原东南缘地区地表运动、壳内变形和演化动力学机制的有效手段。

近十来年精确 GPS 观测,为这一地区地表运动及其相应形变提供了较为清晰的图像。如图 1 - 5 所示,它清楚地展示了青藏高原东南边缘地区地表活动趋势为东南偏南方向[34-37]。不同动力学模型对地壳内形变以及上地幔岩石圈内的形变方式,有着不同的预测。GPS 仅仅是从地表运动形式进行描述,它不能反映地下深处的动力学构造模型。因此要了解地表运动的具体成因,不仅仅局限于地表,还要从地下寻找切入口。所以中下地壳内是否存在低黏性软弱层是检验"下地壳流模型"的关键。Bai 等人在青藏高原东部布设了几条大地电磁测线以测量地下电导率的分布情况,其电导率剖面显示在深部 20 ~ 40 km 处存在低阻抗层。他们推断该低阻是由高流体引起的,高流体含量也会导致地震波速度和黏性度的下降[38]。这一研究结果与"下地壳流模型"提倡的由低黏性物质组成的下地壳管道流相吻合。由于测线分布有限,低阻抗、低速度、低黏性层空间分布情况尚未定论。

随着数字化地震观测资料的累积,地震学家针对下地壳内是否存在低速层也开展了大量的研究。Wang 等在 2003 年利用近震走时数据对青藏高原东南边缘及周边地区的地壳和上地幔中 P 和 S 波速度结构进行了反演[39]。他们发现这一地区下地壳中确实存在低速层,但低速层分布不均匀。低速层分布似乎和区域内的主要断裂带存在一定关系,但是和"下地壳流模型"提倡的低黏性物质管道流的观点关联性并不明显。如果下地壳存在一个低阻抗、低速度、低黏性层,上地壳内应力无法传递到上地幔内,从而导致地壳和上地幔解耦。地壳内形变和上地幔岩石圈内形变可能有所不同,介质形变可引起地震波传播速度的各向异性[40,41]。

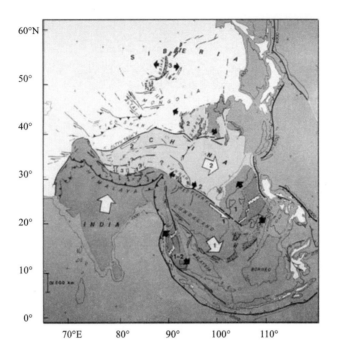

图 1-3 块体挤出模型，新生代时期的动力学构造及亚洲板块东部大的断裂带，
向东南方向的白箭头 **1、2** 指示沿大断裂带的块体滑移方向

（引自 Tapponnier et al., 1982）

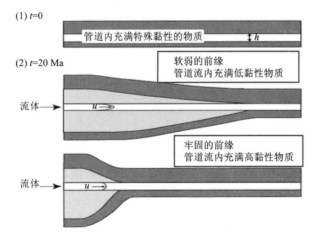

图 1-4 下地壳流模型，*t* = 0 表示在欧亚板块与印度板块碰撞开始，
t = 20 Ma 表示碰撞发生后 20 Ma 之后的地质构造情况

（引自 Clark and Royden, 2000）

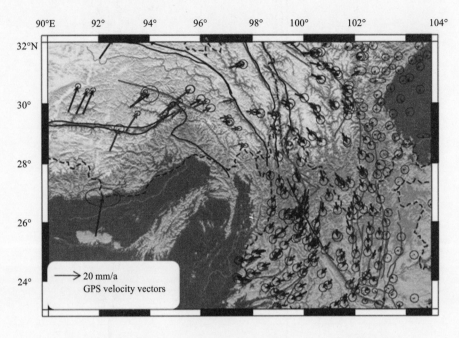

图 1 –5　引自 Meltzer 等人在 2007 年发表在 geology 上的图形[37]

因此测量地震各向异性可以提取介质中应变情况[42]，了解引起形变的动力学过程，如地幔对流等[43, 44]。

另一方面"岩石圈的拆沉作用"也可以使青藏高原地表上升。它是指在俯冲带岩石圈底部与上部岩石圈发生部分拆沉[45, 46]（图 1 –6）。该模型认为厚而密度大的岩石圈底部牵引着其上部物质使其不会被抬升，随着重力作用地球内部不足以支撑该物质时，岩石圈底部部分物质就会从原来的岩石圈底部拆沉。这时，密度小的软流层物质填充该空隙，从而提供了一种浮力，使得该地区上部被抬升。

那么，厚而密度大的岩石圈物质来自于哪里呢？Tilmann 等（2003）利用 INDEPTH II 和 INDEPTH III 测站，通过假设青藏高原地区东西方向的地幔无构造变化，建立了青藏高原地区西北 – 东南向的二维速度模型[23]。其结果显示在拉萨地区中北段的地幔，存在一近乎垂直分布，P 波速度高于周围地幔 2% 的异常构造区，深度范围从 100 km 延伸到 400 km。对于该地区高速异常的成因，提出了三种可能：第一种认为是印度海洋岩石圈的残余物质，但是这种密度大并且冷的物质很难稳定存在超过 50 Ma，且不会下沉到地幔深处；第二种认为向南隐没的亚洲地幔岩石圈，但此说法无法解释更北方的浅层低速带；第三种认为是冷的印度地幔岩石圈，根据其他地球物理研究指出印度板块岩石圈俯冲到最北处可到

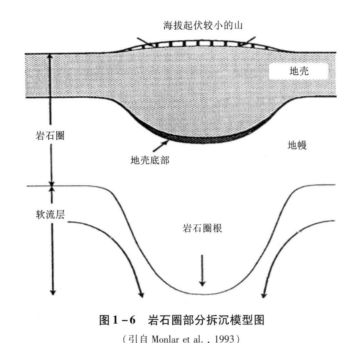

图 1-6　岩石圈部分拆沉模型图

（引自 Monlar et al. , 1993）

北纬 32°附近, 因此把此高速异常解释为冷的印度地幔岩石圈。

同时针对垂直高速区的解释, 洪淑惠 (2010) 也提出了两种可能模型[47]：第一种是印度板块与欧亚大陆板块碰撞, 因为南北方向缩短, 岩石圈逐渐增厚, 由于重力作用, 最后导致大规模的下沉。第二种则是古老的印度大陆板块受到过去连接在一起的海洋板块向下拉力作用, 在 50 Ma 海洋板块停止俯冲后, 密度较小的大陆岩石圈被下沉的海洋板块拉动呈现近乎垂直状况, 最后脱离原来的岩石圈, 快速下沉。再加上青藏高原下方地幔过渡带厚度大致均匀, 因此可推测岩石圈脱离下沉情况已经发生过。此外伴随岩石圈下沉所遗留下的空间, 则由上涌的地幔物质填补, 即垂直对流现象[48,49]。然而在青藏高原的东南边缘是否也存在岩石圈的快速下沉, 这无疑是我们要关注的另一个重点。于是本书引入了有限频层析成像的方法来研究这一地区的深部构造, 它可以为研究地幔对流以及上地幔的动力学形变提供一个更直接的结构图。

1.4　地震波各向异性的研究进展

利用地震波各向异性研究地球内部的结构可以追溯到 20 世纪 20 至 30 年代, 前人首先从理论上建立了一般意义上的地震波各向异性的本构关系和运动平衡方程，讨论了 Christoffel 方程。20 个世纪 50 年代，Postma(1955) 和 Helbig(1956) 首次发现并研究了周期性互薄层的地震波各向异性，但由于地震横波在当时有限的技术下很难辨认和提取，故仅利用了地震纵波的观测资料研究了介质的各向异性[50-51]。Ratti 在 1963 年首次在太平洋东北区域发现了 Pn 波传播速度随方位角变化而变化，并表现为垂直洋中脊方向上的波速(约 8.3 km/s) 大于平行洋中脊方向上的速度(8.0 km/s)[52]。自从 Pn 波成功地应用到太平洋地区研究各向异性以来，Hess(1964) 指出这种地震波速度各向异性是在应力、运动、海底驱动力的作用下，地幔中的橄榄石或辉石晶格的优势排列造成的。越来越多的研究发现地球内部上自地壳、下至地幔和地核都普遍存在各向异性现象。从此，各向异性研究就成为地球科学研究的热点，横波分裂、地震波各向异性等系列理论及应用技术发展为地球内部结构与大陆构造、油气、矿产等能源勘探与开发、地球环境保护等方面的前沿课题。20 世纪 70 至 80 年代，各向异性的研究开始蓬勃发展，也取得了一些成就，如英国 Crampin 小组通过人工地震和天然地震资料，发现了 S 波分裂现象的存在[53-55]，并且 S 波分裂的快波偏振方向与应力场方向一致，并在 1984 年提出了地球各向异性介质的 EDA 模型[53]。Ando 等从日本的中深部地震中也探测到 S 波分裂现象[56]。80 年代至 90 年代，更加广泛和深入的观测工作，不断深化和更新地震波各向异性的观测理论和方法以及数值计算方法和软件，推动了地球介质地震波各向异性的研究[57]。

各向异性是物性随观测方向变化的通用术语，它主要集中在地壳、上地幔(浅部 220 km 的范围内) 和地核。地震波各向异性有多种成因，一是岩石圈在冷却过程中，由于应力作用以及软流圈或地幔对流引起矿物晶格的定向排列(lattice-preferred-orientation, LPO)，造成大规模的固有各向异性[58]；二是沉积过程中形成的交互薄层结构造成岩石具有横向各向同性性质的次生各向异性；三是岩石中应力作用引起裂隙定向排列造成大规模的次生各向异性[55]。一般认为上地壳各向异性与次生各向异性有关，而上地幔各向异性则由矿物晶格的定向排列造成。很多地震学家注意到地震各向异性和形变的密切关系之后，试图通过估算地壳和地幔各向异性来探讨壳-幔的相对运动[59]。早在 2003 年，MIT 和成都地质矿产研究所在青藏高原东南边缘安置了 25 个流动地震台站，用以观测地下的形变情况[60]。Lev 等(2006) 利用这 25 个流动台站记录到的 SKS/SKKS 波形数据，测量了快波的偏振方向和快慢波间的分裂时间[60]。快波偏振方向在青藏高原东南边缘主要为东南偏南方向，在云贵高原约在北纬 25°处附近转变成东西方向(如图 1-7 所示)。对比地表 GPS 观测的位移方向，发现在云贵高原以东西方向为主的 SKS 快波偏振方向和地表运动方向存在着明显的差异，表明云贵高原上地幔形变的成因和地表运动存在明显不同[61]。Hirn 等(1995) 通过研究喜马拉雅和青藏高原内部的地震各向异性认为，青藏高原的地震各向异性是因水平差异变形导致晶体重新定向或液体填充的裂隙定向排列，这可能是地幔流的标志[62]。Lave 等（1996）通过研究青藏高原内部地震各向异性，推断该地区的上地幔各向异性是岩石圈向东挤出运动拖动软流圈内水平剪切变形造成的[63]。Maggi 等（2006）也认为软流圈深度上的地震各向异性快波方向与当今板块运动的方向十分吻合[64]。另外，在青藏高原边缘处的东南偏南方向与 GPS 位移计算得到的地表最大主应力方向吻合，认为该处岩石圈的形变沿深度方向的变化不大[34]。Wang 等（2008）搜集了青藏高原东部地区的大部分的 SKS 快波偏振方向数据，并和地表位移和应变场作了详细的比较[65]。他们推断该区域地壳和地幔的形变一致，岩石圈的形变在垂直方向上连贯。因此，地壳和上地幔各向异性的研究是解决当前大陆动力学中复杂的深部结构和动力演化过程以及壳 - 幔解耦变形等重要问题的有效途径。

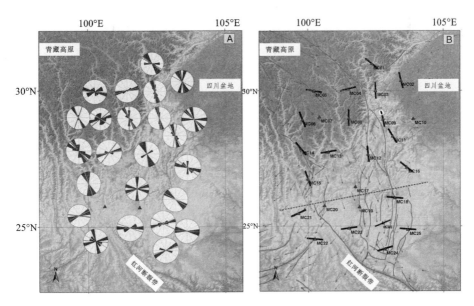

图 1 - 7　SKS 各向异性结果（引自 Lev et al. , 2006）

A—台站下地震波能量分布；B—黑短线表示分裂波的快波方向，带箭头线表示 GPS 计算的方向

　　Yao 等（2008, 2010）分析了 25 个流动台站记录到的面波数据，根据频率的不同，分别计算了地壳和地幔中水平方向的地震各向异性[66 - 67]。发现地壳中快波的偏振方向和快慢波分裂时间与 Lev 在 2006 的 SKS 波估算结果一致，但与其面波计算出来的上地幔各向异性的快波偏振方向不同。据此，Yao 推断该地区的壳 - 幔运动是解耦构造。SKS 波分裂是由台站下方包括地壳和地幔各向异性共同的结果。当地震在后方位角（backazimuth）分布有限时，用 SKS 波分裂数据来区分垂向各向异性变化几乎不可能，也即是 SKS 横波分裂不具有垂向分辨率。另外面波

的传播受介质的不均匀性影响，它是水平方向地震各向异性的叠加，不具有水平方向的分辨率。所以这两种方法都存在较强的不确定性。比较理想的方法是利用莫霍面 Ps 转换波来直接估算地壳中的各向异性，然后与 SKS 和面波的结果作比较。这才是探测多层各向异性的最好方法。

近年来，地震学家一直试图用接收函数中莫霍面 Ps 转换波来提取地壳各向异性[68]。当地壳存在各向异性时，在各个观测点记录到的莫霍面 Ps 转换波的到时、振幅和极性都会随接收方向(即后方位角方向)，发生一定的变化。这些变化往往和其他如倾斜莫霍面所引起的变化混在一起，不易区分。一般而言，莫霍面 Ps 转换波的信噪比相对核－幔边界的转换波 SKS 的信噪比较低，直接采用 SKS 横波分裂的方法应用到 Ps 转换波计算偏振方向和分裂时间往往存在较大误差，而且结果会受地震分布的影响。为此，Liu 和 Niu(2012)对现有的方法进行了改进，提出了一种基于接收函数集的方法，该方法根据莫霍面 Ps 转换波在接收函数到时特征设计，它能够比较稳定和准确估算地壳各向异性[69]。在各向异性介质中，理论地震图显示的 Ps 转换波有以下几个特征：①径向接收函数记录到的 Ps 转换波的到时随后方位角 θ 方向呈现 $\cos(2\theta)$ 变化；②切向接收函数记录到的 Ps 转换波是径向转换波的导数。它的振幅和极性都会随后方位角 θ 呈现 $\sin(2\theta)$ 变化。这种估算地壳各向异性的方法不仅可以很好地理解地壳形变，而且可以解析地壳和上地幔之间的动力学机制。该方法可为研究青藏高原东南缘地区的地壳内精细结构以及壳－幔之间的动力学机制等问题提供直接的证据[69]。

1.5 地震波层析成像的发展

地震学家对青藏高原的形变和隆起的研究并非只局限于地壳及上地幔各向异性，还采用层析成像技术研究分析了上地幔速度结构，它可以为上地幔提供一个可视三维直观图。传统的地震波层析成像方法主要采用地震波走时计算来自于射线路径上的信息，走时层析成像的理论严格成立的条件是地震波具有无限高的频率。假设地震波为无限高频(或无限频宽)，根据费马原理，即地震波沿着耗时最短的射线路径传播，其到时在不同的地震台站的差异完全取决于射线路径上的速度结构。但该理论仅适用于地震波内部速度变化平缓且速度异常变化尺度远大于地震波本身波长的情况，这在很大程度上限制了地震波层析成像对精细速度结构的解析能力。另外，对于有限频段的地震波，将地震波视为简单的高频地震射线也会带来误差，产生波前愈合，它指射线路径上的异常体引起的波前异常会逐渐向射线路径旁边扩散，波前异常越来越不明显，同时造成的初至波的幅度越来越小，直至湮没在噪声中。对于给定大小的异常体，此误差随地震波长和震中距的增大而增大。由于受计算的限制，以往基于渐近理论的一些高效地震成像算法虽然简明可行，也提供了深入了解地球内部动态过程的图像。然而在大多数情况下，它不能够得到地震波速度异常的真实幅度、高速度梯度带的变化细节以及三维速度变化的精细结构，这就限制了对地球介质弹性与黏弹性物性方面的研究。

最近几十年来，研究人员（Dahlen et al.，2000；Hung et al.，2000，2004）提出了一些基于傍核理论（paraxial kernel theory）的地震层析成像新方法[70-72]。与传统的射线理论方法相比，该方法保持了较高的计算效率，更多观测数据参与反演，得到更为精确的地震图像。最为重要的是它用单散射近似射线路径代替了无限频率的假设。因此，它可以综合更多的地震观测信息，得到深部地幔速度的详细结构[73]（Montelli et al.，2003）。不过，该方法目前只在一维模型反演中计算效率较高，但对于三维速度模型的反演，仍然需要进一步的改进。

随着计算机硬件的快速发展，利用超级计算机求解高精度三维地球模型下的波传播方程得到了改进。基于三维有限元方法，Tromp 等（2005）提出了一种逐渐逼近真实三维地球模型的伴随层析技术，这种技术最大限度地利用了地震记录中所能提取到的信息，并减少了非射线穿过区域的模拟方差[74]。迄今，研究人员虽得到了详细的三维 P 波和 S 波速度模型[75]，但该方法计算量大、耗时久，一般大学里都不具备该方法所需要的计算机群，所以研究该方法的人员也较少。

为了提高地震波层析成像的解析度和准确性，发展适合地震波波动性质的地震波层析成像理论，普林斯顿课题组发展了有限频理论。该理论是基于地震波不同频段本身所具有的有限频宽的性质，考虑到了地震波在非均匀介质中由衍射作用所产生的波前复原效应，以及不同频段范围内的散射波经互相干涉对地震波走时产生的影响下，建立了地震波有限频理论[70-71]。理论结果表明在射线路径上的速度结构完全不影响有限频的地震波走时，而是对环绕射线路径周围区域的三维速度结构最为敏感[5]。再则，有限频理论更多地考虑了地球内部介质非均匀性以及波前复原效应对小尺度的构造影响，让地球物理学家意识到有限频层析成像能够提高地球内部更精细构造的分辨能力。Dahlen 在 2000 年基于波动方程，建立了三维有限频层析成像理论体系，不需要射线理论的无限高频条件，对于任意有限频率的波都成立，避免了波前愈合问题，并且它使用的数据与射线路径外的一定区域内的波速异常都有关。其反演方程的系数是致密系数矩阵，致密系数矩阵对模型空间的整体约束非常强，对于欠定或混定问题容易收敛到正确解附近，这在一定程度上克服了反演问题的多解性。另外，它能充分利用宽频带地震资料，对地震波分频段滤波，提取多频段信息进行反演，这些是射线理论所不具备的特点。近十余年来，采用有限频层析成像的研究取得了很大进展，如 Montelli 成功地将该方法应用于夏威夷的地幔热柱的研究[73]。Hung 采用有限频层析成像研究了冰岛的地幔柱，并与射线理论的传统走时层析成像结果对比，指出有限频层析成像方法的速度异常幅值是传统方法的 2～3 倍，提高了对速度模型的分辨率[71-72]。并且该方法计算量不是太大，对计算机的要求也不是很高。为研究复杂地质情况提供了另一个有效的手段。现有的有限频层析成像大多采用远震数据，为了消除研究区域外的速度异常的影响，一般选用台站间的相对走时差进行反演。最近，采用有限频层析成像技术研究青藏高原地区的流动台站和固定台站的远震事件波形数据显示，青藏高原东南部地区的地幔岩石圈可能发生了部分拆沉[76]。这说明要研究青藏高原抬升的动力学，除了直接比较壳-幔的形变外，有必要对研究区域内岩石圈以下的深部构造进行研究，从整体把握地幔岩石圈在造山运动中所扮演的角色。

1.6　研究的内容与目标

1.6.1　研究内容

本专著充分采用了中国地震局在四川、云南、广西、贵州、湖南、广州等区域的数字台网和其他临时台站所观测到的地震波形资料，对青藏高原东南边缘的地壳和上地幔的静态、动态构造进行三维成像剖析。首先，分析了研究区域内的地质构造、地震波各向异性、层析成像的研究背景，提出了采用地震波接收函数研究地壳厚度、地壳内纵横波速比、地壳内地震波各向异性和有限频层析成像的研究。随后，详细介绍了传统接收函数原理及其在研究地壳厚度和 V_p/V_s 比值时所采用的叠加方法。从地震波各向异性的成因和研究方法以及横波分析与构造动力学之间的关系出发，提出了基于接收函数集的横波分裂方法，为研究地壳各向异性提供了有效手段。重点分析接收函数集测量地壳各向异性的具体步骤。主要根据 Moho 面 Ps 转换波在各向异性介质中所呈现的特征，为地壳中的各向异性量身定制了一套计算方法。该方法针对地壳各向异性介质，Moho 面 Ps 转换波在径向、切向的接收函数集中的特征，来量测各向异性参数。再通过径向和切向分量校正后与校正前的接收函数集的综合分析和谐波分析来确定台站下方地壳中的方位各向异性。最后采用改进的 $H-k$ 叠加运算，考虑地壳各向异性因素，得出该地区地壳厚度以及纵横波速比(V_p/V_s)，探讨研究区域地壳结构、地壳增厚、地面隆升的动力学机制等问题。为了进一步研究上地幔精细构造，我们根据已有的有限频层析成像技术，引入了一种新的地壳信息校正方法，减少了地壳信息给有限频层析成像带来的不确定性。在有限频层析成像中进一步改进了台站对的选取方法，并对不同台站对的到时差进行联合反演，构建了研究区域的上地幔三维 S 波速度模型。最后，通过计算地壳各向异性参数以及有限频 S 波层析成像的结果，结合研究区域内的地球动力学、地球物理、地球化学等知识，综合分析了该研究区的抬升机制，包括有下地壳流模型和岩石圈的部分拆沉模式。从而得出青藏高原的抬升是多阶段非均匀、不等速过程,是包括下地壳流以及上地幔岩石圈的部分拆沉等多种机制联合作用的产物。

1.6.2 研究目标

本专著利用地球动力学过程和地震波速度结构的密切关系,提出了一套行之有效的接收函数集分析处理地壳各向异性的方法,首次取得了青藏高原东南边缘的下地壳地震波各向异性结果,为该地区的下地壳流模型提供了有力的物理证据。同时结合有限频层析成像技术反演了青藏高原东南部区域上地幔三维 S 波速度结构,探讨了该地区的抬升的动力学机制等问题。该结果为研究青藏高原东南边缘的抬升提供了充实的地球物理证据,也为研究青藏高原的抬升乃至整个大陆动力演化提供了重要依据。

拟解决问题有:

1)下地壳流是否存在?

2)是否存在岩石圈的增厚或岩石圈的拆沉?

3)地壳与上地幔形变是否一致? 地壳和上地幔的运动是否耦合或解耦?

4)该地表隆起的主要机理是什么?

主要的创新点有:

1)首次开展了接收函数集计算地壳各向异性的综合性方法,提取地壳各向异性介质中的横波分裂参数,并采用各向异性校正后的 Ps 波叠加信噪比与接收函数叠加数量之间的关系来判断横波分裂参数的有效性。

2)在判断横波分裂参数来自地壳方位各向异性还是倾斜 Moho 面时,引入了谐波分析的方法。当谐波阶数 n 等于 2 时,该台站下的横波分裂参数来自地壳方位各向异性,而不是倾斜莫霍面或其他因素。

3)采用改进的 $H-k$ 叠加运算,得出该地区地壳各向异性校正后的地壳厚度及纵横波速比(V_p/V_s)。

4)在有限频层析成像方面,设计了地壳地震信息校正的计算方法,减少了有限频层析成像中来自地壳结构因素引起的误差;在香蕉甜甜圈理论(Banana - Doughnut Theory)下,采用三种台站对的到时差进行联合反演研究了区域内上地幔三维 S 波速度结构。

第 2 章　接收函数及其叠加方法

2.1　接收函数的概念

接收函数是从三分量远震 P 波波形中提取出关于接收介质水平方向的响应函数，它是利用三分量远震记录的垂直分量对水平分量作反褶积后得到的时间序列。在这个过程中去除了仪器响应和震源时间函数，仅与台站下方的物性结构有关，特别对 S 波速度的垂向变化最为敏感。远震 P 波波形数据中包含了大量的台站下方地壳和上地幔的速度间断面所产生的 Ps 转换波及其多次转换波的信息，是研究台站下方局部 S 波速度分布的最佳震相，并且横波与纵波相比，可表现出波速小、波长短的特征，这对地质体具有较高的分辨率。所以采用接收函数反演地壳中的结构信息是近年来迅速发展的一种远震的地震波探测方法。国内外学者均对该方法做了广泛深入的研究，取得了大量有意义的结果[77-81]。本研究将从宽频带远震体波波形反演的理论与方法分析着手，然后采用青藏高原东南缘区域的实测宽频带临时地震台站和固定台站的信息，反演台站下方地壳厚度以及地壳内纵横波速比等结构信息。

利用接收函数中 Moho 面 Ps 转换波、多次转换波研究地壳厚度以及 V_p/V_s 比值，主要研究工作包括接收函数的提取、时差校正、Moho 面深度叠加和 $H-k$ 叠加四部分。近年来，地震勘探中接收函数的偏移技术被应用到地震台的观测数据中以及研究地壳和上地幔速度间断面的判断中，得到了很好的结果。接收函数的偏移成像是利用地震波的波动理论将接收函数中包含的地壳和上地幔间的转换震相信息从时间域(或频率域)反映到发生震相转换的深度上去，从而确定地壳和上地幔间断面的深度。

Yuan 等(1997)、Dueker 和 Sheehan(1997)率先发展了接收函数深度域偏移成像技术和时间域偏移叠加技术[82-83]。接收函数叠加技术在研究地壳和上地幔过渡带边界方面有很大优势。从观测数据的记录中提取高质量的接收函数是研究边界和地壳 V_p/V_s 值的基础和保障。时差校正保证了 $H-k$ 叠加中每个接收函数中转换波的到时在同一条垂线上，使得 $H-k$ 叠加技术准确性更高。本章首先介绍了接收函数提取的基本理论，然后选择地震数据中震中距为 60°，震源深度为 0 m 的接收函数作为理论计算 Ps 以及多次转换波到时作为参考，校正其他接收函数 Ps 转换波和多次转换波的到时。最后采用 $H-k$ 叠加技术来计算各个台站下方

的地壳厚度和 V_p/V_s 比值。从而分析该地区地壳构造和地壳的动力学模型。

2.2 接收函数理论

天然地震的震源分为近震和远震两种，它与人工震源不同的是，天然地震的震源时间函数较为复杂，而且天然地震的震源一般处于俯冲带和构造复杂的地壳或者上地幔的顶部。在地震波形记录中，由于震源时间函数的混响效应、传播路径上的复杂速度结构以及接收台站下方的复杂介质(如薄的沉积岩，松动的堆积物等)，使得地震台站所接收的地震数据较为复杂。自 20 世纪 80 年代以来，迅速发展的接收函数技术为利用远震波数据研究地壳和上地幔速度结构提供了一条行之有效的方法。下面就针对远震情况下的接收函数原理进行叙述。

在远震情况下，所接收到的体波理论地震数据 $D(t)$ 可以表示为震源时间函数 $S(t)$、介质结构响应 $E(t)$ 以及仪器响应 $I(t)$ 的卷积(Langston，1979)，三分量远震 P 波波形数据可表示成以下的褶积形式[78]：

$$\begin{cases} D_V(t) = S(t) * I(t) * E_V(t) \\ D_R(t) = S(t) * I(t) * E_R(t) \\ D_T(t) = S(t) * I(t) * E_T(t) \end{cases} \qquad (2-1)$$

式中，下脚标 R、T、V 分别表示径向分量、切向分量、垂向分量，星号代表卷积运算，t 为地震波走时时间。

为了提取介质中的结构响应，即三分量中的 $E_R(t)$ 和 $E_T(t)$，需要对震源时间函数 $S(t)$ 作一些等效近似。在均匀无限弹性介质中地震波从震源规则地向各个方向扩散，前进的波前是以震源为中心的球面，并垂直于前进方向，波前按前进的距离随时间呈指数衰减。但实际上，地下介质并不是均匀无限弹性介质，它首先表现为层状，当地震波传播到速度间断面时，地震波就会发生反射、折射或者波形转换现象(如图 2-1 所示)。其中与入射 P 波类型相同的反射波纵波和透射纵波称之为同类波，与入射 P 波类型不同的反射横波或透射横波称之为转换波。它们之间同类波或转换波的关系满足 Snell 定律。

针对 P 波接收函数，当远震 P 波近垂直入射时，部分能量在速度不连续面处发生转换，如在 Moho 面转换为 S 波。P 波的接收函数波形主要由直达 P 波、Moho 面 Ps 转换波和多次转换波构成。由于是近垂直入射，所以垂向分量的 P 波受台站下地壳结构的影响很小，即转换波的能量相对直达 P 波要小得多，可以忽略不计，于是垂向的结构响应可以近似为

$$E_V \approx \delta(t) \qquad (2-2)$$

因此垂直方向理论地震数据 $D_V(t)$ 可以简单地表示为震源时间函数和仪器响应的卷积，如下所示

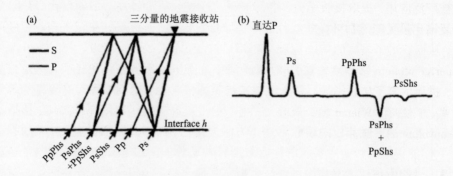

图 2 - 1　远震直达 P 波在 Moho 面上的响应(a)及其对应的接收函数波形(b)

（引自 Ammon, 1991）

$$D_V(t) \approx S(t) * I(t) \qquad (2-3)$$

将 $D_R(t)$ 和 $D_T(t)$ 分量反褶积去掉震源时间函数和仪器响应就可以得到介质 R 和 T 分量下的结构响应，即是径向和切向接收函数[78]。如图 2 - 1 所示：频率域中接收函数可表示为：

$$E_R(\omega) = \frac{D_R(\omega)}{S(\omega) * I(\omega)} \approx \frac{D_R(\omega)}{D_V(\omega)} \qquad (2-4)$$

$$E_T(\omega) = \frac{D_T(\omega)}{S(\omega) * I(\omega)} \approx \frac{D_T(\omega)}{D_V(\omega)} \qquad (2-5)$$

然后通过反傅立叶变换，可以得到时间域的径向和切向接收函数 $E_T(t)$，$E_R(t)$。

以上就是传统意义上的理论接收函数方程，但实际应用中，当某些频率上的 $D_V(\omega)$ 接近零时，就会导致该方程的解不稳定。再者当两个频谱的值都非常小时，两者相除得到的频谱比较大，也会增强噪声的干扰。为保证算法的稳定性和有效性，在接收函数的反褶积过程中，采用了水准校正方法(water – level)[85]，改进后的接收函数如下：

$$RF_R(\omega) = \frac{D_R(\omega) D_V^*(\omega)}{\max\{D_V^*(\omega) D_V(\omega)\}, \, k\max\{D_V^*(\omega) D_V(\omega)\}} e^{-\frac{\omega^2}{4a^2}} \qquad (2-6)$$

$$RF_T(\omega) = \frac{D_T(\omega) D_V^*(\omega)}{\max\{D_V^*(\omega) D_V(\omega)\}, \, k\max\{D_V^*(\omega) D_V(\omega)\}} e^{-\frac{\omega^2}{4a^2}} \qquad (2-7)$$

式中，$D_V^*(\omega)$ 是 $D_V(\omega)$ 的复共轭，k 是水准值，其取值范围为 $0 < k < 1$，在本书中取 $k = 0.01$，a 是高斯低通滤波器的滤波系数，可根据数据信噪比和地震波频段来改变其大小，从而控制滤波的范围，保证数据的可靠性，本书中选取 $a = 1.5$。

近年来，随着数字化观测技术的发展以及流动台站的迅速建立，接收函数技术被广泛应用，提取接收函数的技术也随之得到发展和提高。如刘启元（1996）采用复谱比最大似然估计及非线性反演提取接收函数，避免了频率域中水准值的引入，从而获得了较高的信噪比和分辨率[80]。Park 和 Levin（2000）采用 Multiple – Taper correction（多斜度校正）方法从地震三分量中分离出固有和非固有的散射成分，进而估算了接收函数，避免了频谱相除所带来的接收函数解的不稳定性[86]。这些方法有 Wiener 滤波反褶积[87]、自动回归反褶积（autoregressive deconvolution）、脉冲反褶积[88]，避免了时间域到频率域转换中带来的误差等。

2.3　接收函数提取

当了解了接收函数的原理之后，接下来是从原始数据中提取接收函数。一般情况下，提取一个台站下的某一个地震事件的接收函数包括以下步骤：滤波、坐标转换、反卷积。

滤波：天然地震台的接收站，不仅能够接收到来自地下构造的地震信息还能接收到包括地表人为活动以及动物活动等许多与地下构造不相关的噪声信息。但是在接收函数的研究中，只需提取与研究地下构造相对应的时间和频率范围内的低频天然地震记录。为了保证接收函数中的信息具有高信噪比、高分辨率，可以采用低通滤波、带通滤波器进行水准值滤波，如图 2 – 2 所示。

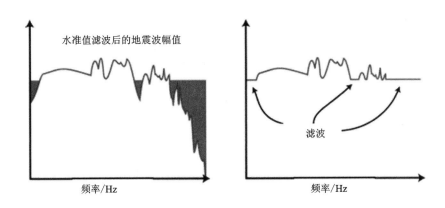

图 2 – 2　采用水准值滤波下的天然地震波

（源于 Charles J. Ammon 个人主页）

坐标旋转：地震台站所接收到的地震波是一个三分量的信息，分别是垂直分量（Z）、南北分量（N）和东西分量（E）。台站布置时水平方向指北，这与地震事件传播路径之间有一个夹角，为了使研究的转换波集中在一个分量上，将坐标系进行旋转处理。将地震记录到的 ZNE 地理坐标旋转到射线路径的 LQT 坐标系下，也即是将三分量数据由垂直、水平指北和水平指东的 ZNE 坐标变换为径向、切向和垂向三分量(图 2 - 3)，于是可以写出径向和切向分量的表达式：

$$R = \cos(\varphi) \times N + \sin(\varphi) \times E$$
$$T = -\sin(\varphi) \times N + \cos(\varphi) \times E \qquad (2-8)$$

式中，φ 表示后方位角。这样旋转后的 SV 分量波形更简单，在均匀各向同性介质下，转换波在 SH 方向上无能量分布，当然在各向异性介质下就会不同。在各向异性介质下，P 波既可以转换成 SV 波也可以转换成 SH 波，并且他们的偏振方向不同，传播速度也不尽相同，通过测量这两种转换波之间的到时差以及快波的偏震方向，用来研究地壳中的地震波各向异性的性质(这将会在研究地壳各向异性时提到)。但现在我们所研究的地震体波 P 波的接收函数是在假设的地壳各向同性介质下的情况进行的。

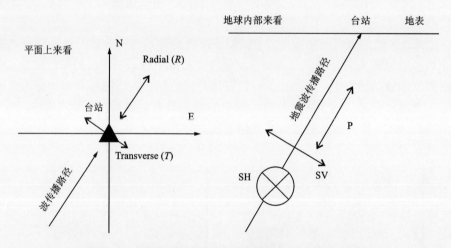

图 2 - 3　坐标旋转后平面上和地球内部的三分量示意图

反褶积：反褶积的过程其实就是剔除震源时间函数和仪器响应，得到地下构造的真实响应。简单地将震源时间函数在径向和切向分量的响应反褶积于垂直分量的响应，进而得到径向和切向分量上的接收函数，称之为 R 接收函数和 T 接收函数。

2.4　地壳内部转换波走时的计算

近年来，随着地震台站阵列以高密度的形式覆盖全球和接收函数方法的引入，采用 Moho 面转换波研究地壳内部的构造变得越来越重要，接收函数中转换震相的走时信息也得到重视。当远震 P 波传到不连续界面时，地震波就会发生折射和反射，那么折射和反射过程中除了有 P 波也存在转换的 S 波等，如图 2 - 1 所示，Ps、PpPhs、PsPhs、PpShs 及 PsShs 这些都属于 Moho 界面的转换波。为了方便读写各个转换波的名字，根据 Niu 和 James（2002）震相的标写方式将转换波写为 npms，其含义是在地壳中有 n 个 P 波，m 个 S 波[89]。于是 Ps 写作为 Ps 波，PpPhs 写作为 2p1s 波，PsPhs 和 PpShs 写作为 1p2s 波，PsShs 写作 3s 波。无论转换波为 P 波还是 S 波，他们的转换过程都遵循 Snell 定律。假设地壳厚度为 H，P 波的速度为 V_p，S 波速度为 V_s，P 波的入射角为 θ_{in}，P 波的反射角为 θ_{rp}，S 波的反射角为 θ_{rs}（图 2 - 4）。它们满足

$$\frac{\sin(\theta_{in})}{v_{mp}} = \frac{\sin(\theta_{rp})}{v_{cp}} = \frac{\sin(\theta_{rs})}{v_{cs}} = p \qquad (2-9)$$

式中，p 为射线参数。进而可以写出 T_{Ps} 和 T_{2p1s} 以及 T_{1p2s} 的到时差[90]。表达式如下：

$$T_{Ps} = H\left(\sqrt{\left(\frac{k}{V_p}\right)^2 - p^2} - \sqrt{\left(\frac{1}{V_p}\right)^2 - p^2} \right)$$

$$T_{2p1s} = H\left(\sqrt{\left(\frac{k}{V_p}\right)^2 - p^2} + \sqrt{\left(\frac{1}{V_p}\right)^2 - p^2} \right) \qquad (2-10)$$

$$T_{1p2s} = 2H\left(\sqrt{\left(\frac{k}{V_p}\right)^2 - p^2} \right)$$

式中，$k = \dfrac{V_p}{V_s}$。

T_{Ps} 表示转换波 S 波在地壳中的传播时间减去直达 P 波在地壳中的传播时间；T_{2p1s} 表示转换波 2p1s 波在地壳中的传播时间减去直达 P 波在地壳中的传播时间；T_{1p2s} 表示转换波 1p2s 在地壳中的传播时间减去直达 P 波在地壳中的传播时间。如果将 P 直达波的到时都移动到直角坐标系下的零点，水平方向是地震转换波相对直达 P 波的到时差，垂直方向是地震波的振幅，那么 Ps 的到时一般在 5 s 左右，2p1s 一般在 12 s 左右，1p2s 一般在 18 s 左右。于是本书选取的接收函数带宽为 - 5 s ~ 40 s，偏移后的直达 P 波的到时为 0 s。

2.5　Moho 面深度叠加和 $H-k$ 叠加方法

采用以上理论及公式（2 - 6）、公式（2 - 7）可以获得单个台站下多个地震事件的接收函数。如果要研究单个台站下地壳厚度以及地壳内部的地质构造信息，包括 Moho 面深度、泊松比、V_p/V_s 比值等，就必须对来自于不同震中距和不同震源深度的接收函数进行叠加处理。接下来就 P 波的接收函数进行研究，在接收函数研究过程中，一般采用震中距 30° ~ 90° 的远震数据，因为在这个范围下的地震

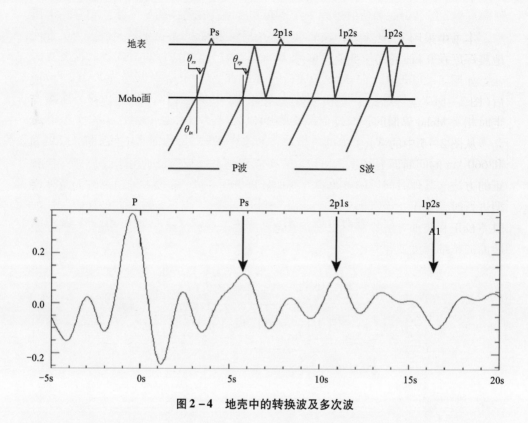

图 2 - 4 地壳中的转换波及多次波

事件可近似作为垂直入射。由于不同震中距 P 波的射线参数不同,转换波 Ps 以及多次转换波相对 P 直达波的到时差也就不同,当然这种震中距到时差相差也不大。在一般情况下,单个地震事件下接收函数处理并不考虑这种时差,但是要采用 Moho 面深度叠加方法和 $H - k(H - Kappa)$ 方法叠加所有地震事件的接收函数时,这种震中距的到时差就不能忽视。如何校正 Ps 以及多次转换波的到时差,下面引入时差校正进行分析。

2.5.1 时差校正

在估算地壳厚度时,当所有地震震中距变化范围小于 20°时,可以直接叠加接收函数中转换波,无需进行时差校正。如果所计算的接收函数震中距为 30° ~ 90°,应该考虑不同震中距下地震事件之间射线参数的差异,才能有效地对接收函数进行叠加。若参考射线以水平射线参数 p 入射到接收台站上的走时作为参考走时,根据式(2 - 10),在深度 H 处产生的以射线参数 p 入射的 Ps 转换震相的相对参考到时差可表示为:

$$\delta(H, p) = T_{Ps}(H, p) - T_{Ps}(H, p_0) \qquad (2-11)$$

本书中采用了一维地球模型(IASP91)[91]，参考射线参数选择在震中距60°、地震深度在 0 km 处发生的地震事件。

如图 2-5 所示，以 P 波接收函数为例对时差校正之前(图 2-5A)与校正之后(图 2-5B)进行对比[92]。由于射线在通过 LAB 界面、410 界面以及 660 界面走时相对 Moho 界面的走时较长，所以相对时差也较为明显。

从图 2-5 中的 B 图可以看出，经过时差校正后，在 Moho 面 220 km、410 km 和 660 km 的间断面上经过叠加后，转换波震相都得到明显的加强。但该时差校正的方法与其他时间域的接收函数叠加处理方法一样，需要在给定的初始速度模型进行时差校正。当考虑到速度结构的微小变化时，针对特定震相的接收函数的时差校正和叠加方法除了可以研究地壳厚度之外还可以用于研究上地幔间速度间断面的精细深度变化[93]。

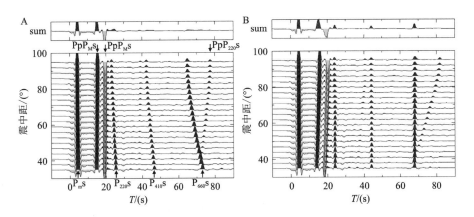

图 2-5　采用射线反射方法进行理论合成 P 波接收函数(A)和时差校正后的接收函数(B)
源于 Li 和 Yuan，2003，模型采用的是 IASP91 一维地球速度模型。PMS 指在 Moho 面转换的波，PpPs 和 PpSs 指在 Moho 面的多次转换波。$P_{220}S$、$P_{410}S$ 和 $P_{660}S$ 分别指在速度不连续面处转换波，sum 指将其下面来自于不同震中距下的接收函数进行叠加处理得到的结果[92]

2.5.2　深度叠加确定 Moho 面深度

Niu 等(2007)采用深度叠加的方法粗略地确定每一个台站下方 Moho 面深度，并应用 $H-k$ 方法进一步确定 Moho 面深度和 V_p/V_s 比值[94]。为了获得初始的 Moho 面深度，首先将每个台站下的接收函数进行叠加处理，在 P-code 的波形窗口里可以得到一个深度为 d 的不连续界面处的显著 Ps 转换波。当不连续界面深度为 d 时，选择修正后的一维 IASP91 速度模型作为参考，粗略地计算出转换波

Pds 相对直达 P 波的到时。然后在 Pds 的到时前后 0.1 s 的时间窗口内采用 Nth－root 方法进行叠加计算[95, 96]，用 $r_j(t)$ 代表一台站下第 j 个接收函数，τ_{dj} 代表深度为 d 的 Moho 面处转换波 Pds 的到时，于是可以写出 Nth－root 叠加 $R(d)$ 为：

$$R(d) = y(d) \mid y(d) \mid^{N-1} \qquad (2-12)$$

其中

$$y(d) = \frac{1}{K} \sum_{j=1}^{K} \text{sign}(r_j(\tau_{dj})) \mid r_j(\tau_{dj}) \mid^{1/N} \qquad (2-13)$$

式中，K 表示单个台站下接收函数的总数。在本文中选 $N=4$ 来约束接收函数的线性叠加（$N=1$）中的随机噪声，d 在 15～85 km 范围步长为 1 km。下面以贵州省的台站 GZ. ZFT 为例来说明深度叠加的接收函数［图 2－6(a)］，深度叠加后的结果［图 2－6(b)］。黑色方块对应着 Pds 能量叠加的最大值，d 表示地壳厚度，约 35 km。

2.5.3 $H-k$ 叠加确定 Moho 面深度和 V_p/V_s 比值

Moho 面深度叠加方法只采用了转换波 Ps 的能量叠加，没有引入多次转换波的信息。如图 2－7 所示，除了转换波 Ps 之外，还有 15s 虚线表示多次转换波 2p1s 和 20s 虚线多次转换波 1p2s，这在一定程度上约束了 Moho 面的深度。为了更好地确定 Moho 面的深度和 V_p/V_s 比值以及泊松比，本研究从传统的 $H-k$ 叠加方法着手（Zhu and Kanamori, 2000; Chevrot and Van der Hilst, 2000; Niu and James, 2000）引入了 Chen 等在 2010 年改进的 $H-k$ 叠加方法[89, 97, 98]。改进的 $H-k$ 叠加方法不仅针对 Ps 转换波的能量进行叠加还引入了多次转换波的能量参与叠加，$H-k$ 叠加方程可以写成如下形式：

$$s(H, k) = \frac{1}{K} \sum_{i}^{K} \{w_1 r_i(t_1) + w_2 r_i(t_2) - w_3 r_i(t_3)\} \qquad (2-14)$$

式中，K 表示 K 个接收函数参与叠加，也即是一个地震台站下方能接收到接收函数数量。$r_i(t)$ 表示第 i 个接收函数在时间 t 的能量幅值。w_1，w_2 和 w_3 是各个震相的权重系数，考虑到反向极性的 1p2s，所以 w_3 的系数为负值，这样就可以在叠加三个转换波时，达到增强总体能量的效果。一般情况下，取 w_1，w_2 和 w_3 分别为 0.5，0.25 和 0.25。在这里，我们还引入了这三个转换波震相的复杂组合应用。这种叠加技术可以有效地权衡 Ps 转换波与 Moho 面上的多次转换波之间能量分布，从而使三个转换波达到有效的叠加。

假定 Moho 面深度为 H，平均 V_p/V_s 比值为 k，那么转换波 Ps 以及多次转换波相对直达波 P 波的传播时间可表示为公式（2－10）[99]所示。计算中，台站下方的地壳速度模型分 4 层（沉积盖层，上、中、下地壳），水平方向采用的是 1°×1°。对于单个台站，首先找到最近的网格，接下来在 1D 速度模型下，可以得到各个多

次波的相对到时 $Ps(t_1)$，$2p1s(t_2)$，$1p2s(t_3)$。我们在 H 和 k 区域内搜索 $s(H, k)$ 能量最大的值，但是在 $H - k$ 区域内仍然存在很强的 H 和 k 的折中。根据 Nair 等 (2006)指出的当仅采用单个地震转换波 Ps、2p1s 或者 1p2s 进行 $H - k$ 叠加时，H 和 k 之间找不到一个较理想的权衡值，这将会导致在 $s(H, k)$ 最大幅值时，可以有多个 H、k 对[100]。但是这种折中不确定性可以由三个转换波在给定不同权衡因子后实现 $s(H, k)$ 以最快的速度达到幅值最大而找到 H 和 k 的最佳值。例如 Zhu 和 Kanamori(2000)分别应用了权衡因子(0.7, 0.2, 0.1)到转换波 Ps、2p1s 和 1p2s 到时的幅值上，研究了南加州的 Moho 面和地壳内 V_p/V_s 的比值[97]；Chevrot 和 Van der Hilst (2000)分别应用了权衡因子(0.5, 0.5, 0)计算了澳大利亚地壳的泊松比[98]；Nair 等(2006)分别采用了(0.5, 0.3, 0.2)建立了南非地区的地壳结构信息[100]。但是这种技术还不能完全消除地壳厚度和地壳内纵横波速比值的折中不确定性，它可以导致 H 和 k 在搜索过程中，幅值陷入条带区域(如图 2 - 6 所示)。这就增加了我们在青藏高原东南缘区域判断地壳厚度和地壳内纵横波速比的难度，因为在该区域地壳具有复杂多层的结构，并且地壳内的多次转换波以及 Moho 面上的转换波也很难被识别。

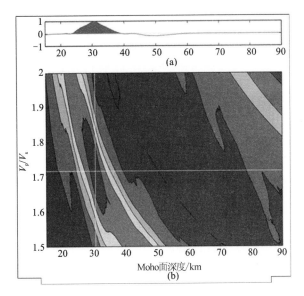

图 2 - 6　$H - k$ 叠加技术下地壳厚度与

地壳内 V_p/V_s 的结果(引自 Chen et al. , 2010)

因此我们通过计算 Ps 转换波与多次转换波之间的关联系数，进而引入了一种新的 $H - k$ 叠加方法。具体来说，我们采用了三种不同模式下的时间与深度的转换：以 Ps 转换波作为主要能量叠加的模式和分别以 1p2s、2p1s 多次转换波为主要能量叠加的模式，然后计算三种转换波下的耦合系数 $c(k)$，修改后的 $H-k$ 叠加方法可改写为下列形式：

$$s(H, k) = \frac{c(k)}{K} \sum_{i}^{K} \{w_1 r_i(t_1) + w_2 r_i(t_2) - w_3 r_i(t_3)\} \qquad (2-15)$$

本研究采用了三种方式计算地壳厚度和地壳内 V_p/V_s。对于权重系数的选取分别是：①同时引入三个转换波，权重系数分别是 0.5、0.3、0.2；②仅用 Ps 和 2p1s 震相，权重系数分别取 0.7 和 0.3；③仅采用 Ps 和 1p2s 震相，权重系数分别取 0.7 和 0.3。由于 Ps 震相的信噪比较其他两个多次转换波高，于是在取权重系数时，其权重系数的值大于其他两个多次转换波的权重系数。$c(k)$ 作为耦合系数在 $H-k$ 叠加方法中主要起权衡 H 和 k 的作用[97]。Chen 等（2010）对改进后的 $H-k$ 叠加方法作了较为详细的介绍，若读者想更深入了解该方法，可阅读该文章[88]。

$H-k$ 方法中，一般 H 在 20～80 km 范围内、k 在 1.5～2.0 范围内进行搜索，并且 H、k 的步长分别以 1 km、0.0001 变化，最终通过寻找叠加后的 $s(H, k)$ 能量最大值来确定 H 和 k 的值。从而可以通过 k 也就是 V_p/V_s 比值估算泊松比：

$$\sigma = 0.5 - \frac{1}{2\{(V_p/V_s)^2 - 1\}} \qquad (2-16)$$

下面以两个台站为例展示 $H-k$ 的结果，一个 GZ. ZFT 台站位于云贵高原中心（图 2-8），另一个 SC. LTA 台站位于青藏高原东南边缘（图 2-9）。图 2-8 中展示了以上三种方法不同多次波震相下的 $H-k$ 叠加方式计算结果（a、b、c）。本文中采用的是三种方法中有两种方法结果一致作为最终采用结果。如图 2-8 中的 a，b 相对 c 图的结果表现为一致，在该台站下，取 a，b 的平均值，即该台站的 Moho 面深度约为 35 km，V_p/V_s 比值约为 1.736。图 2-9 中台站 SC. LTA 三种方法的结果基本一致，取它们的平均结果，Moho 深度约为 57.5 km，V_p/V_s 比值约为 1.75。本研究所计算的 Moho 面深度都是指台站下方的海拔深度的值，而地壳厚度是指海平面以下的厚度。

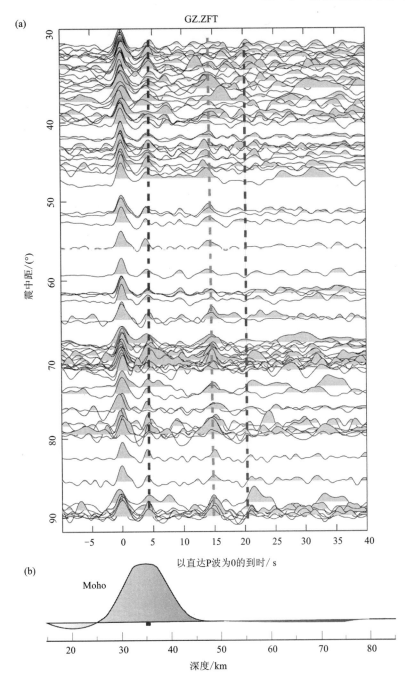

图 2 – 7 深度叠加所有接收函数与叠加后能量最大处的转换波 Ps 对应的 Moho 面深度

（a）台站 GZ. ZFT 中所有接收函数，5s 虚线表示各个接收函数的转换波 Ps 相对直达 P 波（时间 0 处）的到时，15s 虚线表示多次转换波 2p1s 相对直达 P 波的到时，20s 虚线表示多次转换波 1p2s 相对直达 P 波的到时；（b）叠加之后时间与深度转换后的 Ps 对应 Moho 面深度，最高点大约在 35 km。

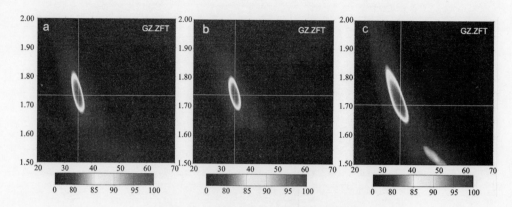

图 2 - 8   引用不同转换波叠加的结果图

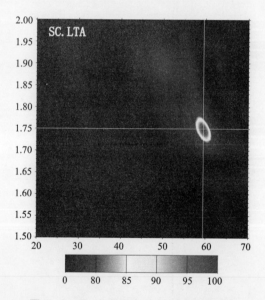

图 2 - 9 $H - k$ 分析台站 SC. LTA 的结果

灰标表示接收函数叠加时的幅值,两个白色线交点就是叠加达到的幅值最大值,依此判断 Moho
面深度和 V_P/V_S 比值

值得说明的一点就是在采用接收函数计算地壳厚度、V_p/V_s 比值以及地壳各
向异性时,为提高接收函数的信噪比,本研究在后方位角范围内以每 10° 为单位,
将位于同一后方位角区间内的接收函数进行叠加平均(图 2 - 10)。

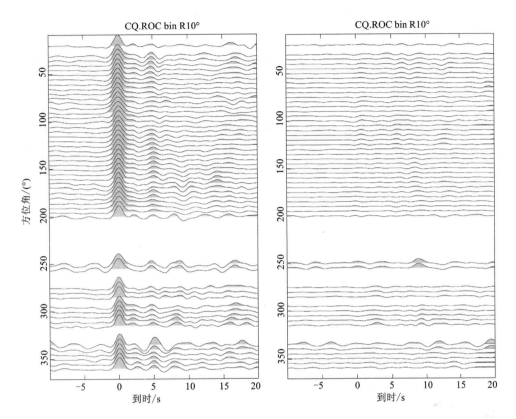

图 2 – 10 台站 CQ. ROC 径向和切向接收函数以每 10°叠加后随后方位角变化图

（左为径向分量，右为切向分量）

第3章　地震波各向异性的基本理论
及研究方法

　　地震波各向异性的观测结果可以提供地下矿物的性质、各向异性介质的内部结构、地球内部物质的流动和运动方式等多方面的信息，是对地球内部动力学过程的反映。因此了解地震波各向异性与地下构造的密切关系，可为诠释地壳和地幔演化起着极其重要的作用。而各向异性介质中地震波的传播是当今地震学研究中备受关注的问题之一，也是地震学的难点。地震波在各向异性介质中传播的规律十分复杂，测得的地震波波形与各向同性介质中的波形存在较大的差别。在各向异性介质中，地震波出现了横波分裂，不仅使接收函数切向分量上有了能量分布，也使径向分量 Ps 转换波的到时随接收函数方位角的变化而变化。早期地震资料分析已经证实在地球内部不同深度范围内均存在各向异性[101, 102]。地震各向异性来源于哪里？它主要与岩石中矿物晶体的固有各向异性以及岩石的结构背景有关系，这反映了地球内部构造变形和应力应变等状态。说明地球中的介质千变万化，并不是像我们假设的那样是各向同性介质，所以研究地震波各向异性的性质成为地球物理学家关注的重点。地震波各向异性的成因以及采用什么样的方法研究地震波各向异性也就随之变得十分重要。接下来针对地震波各向异性的成因以及研究方法进行分析。

3.1　地震波各向异性的成因

　　要了解各向异性的成因，就要知道各向异性的种类主要有哪些，它们是如何划分的以及它们的结构对称性如何。从晶体的宏观结构上来分析各向异性，它是由晶体内部结构决定的；从晶体微观结构上，晶体的物质微粒在空间结点上按照一定的规律进行排列。物质微粒之间在组成结点结构时具有很强的相互作用，使得结点上的物质微粒只能在结点周围做微小的振动，形成了晶体的微观结构模型。但在结点结构中，周围微粒与任一物质微粒之间并不处于球对称状态，因而晶体中沿不同方向上物质微粒的排列情况有所不同，造成了不同方向上的物理性质的差异，也就表现出各向异性特征。各向异性表现出的晶体对称性类型主要有以下几种，若晶体围绕某一轴 $360°/n$ ($n = 1, 2, 3, 4, 6$) 旋转后能恢复原状，称该晶体具有 n 次对称轴。例如立方晶体有四条空间对角线，绕其中任一条旋转 $120°$ ($360°/3$) 即可复原，故称其具有四个 3 次对称轴。若晶体经过一定的平面映射则称该面为晶体的对称面。从固体晶格学来讲，介质各向异性可依据其弹性的对称性分类。不同介质弹性张量中独立的弹性常数不同，介质的对称性也不同。各向异性介质中应力与应变的弹性张量总共包含 21 个独立常数。当有两个方向性质相同时也就是横向各向同性，这时 21 个常数就减少到 5 个独立常数，如冰。各向同性介质则只有两个独立弹性常数，如火山玻璃。对称性越高则独立弹性常数的个数越少。于是根据晶体的对称轴和独立弹性常数可以将地震学中的介质分为三斜系对称(典型矿物斜长石)、单斜系对称(角闪石)、正交斜方对称(橄榄石)、三方对称(钛铁石、石英)、四方对称(超石英)、六方对称(冰)、立方等轴对称(石榴石)以及无穷个无穷次对称的各向同性介质(火山玻璃)[103]。

一般情况下，地球内部物质可近似为六角对称系统下的各向异性介质。它有一个旋转对称轴，地震波在该介质中的传播依赖于传播方向和对称轴之间的夹角。根据地震波与介质对称轴的关系，在垂直于对称轴平面内地震波速度相同，此类型介质又可以称为横向各向同性介质。根据系统对称轴的位置又可以将横向各向同性介质(Transverse Isotropy，缩写成 TI 介质)分为具有垂直对称轴的横向各向同性介质(Transverse Isotropy with a vertical symmetry axis，缩写成 VTI 介质)和具有水平对称轴的横向各向同性介质(Transverse Isotropy with a horizontal symmetry axis，缩写成 HTI 介质)以及具有倾斜对称轴的横向各向同性介质。

是什么造成地震波各向异性呢？其成因较为复杂，它可能与地球内部矿物的固有各向异性有关，也可能与岩石本身的结构背景有关。针对造成各向异性的成因，可大致分为以下几种类型。

(1)固有各向异性

固有各向异性是由介质本身结晶引起的各向异性。一些存在于上地幔的矿物中，上地壳的裂隙也会造成各向异性。岩石圈在冷却过程中应力的作用以及软流圈或地幔对流会引起矿物晶格的定向排列，造成大规模的固有各向异性；物质在沉积过程中形成交互薄层结构会造成岩石具有各向异性；岩石中由于应力作用引起裂隙定向排列也会造成大规模的各向异性。事实上，在陆陆碰撞发生后，地下发生大规模的构造运动，使得中下地壳也具有较强的各向异性，它是由中下地壳的岩石在外力作用下的定向排列所形成的[104]。

(2)次生各向异性

在一定的应力场作用下，岩石会发生破裂产生裂隙或者孔隙，这些孔隙或者裂隙都具有一定的方向性，这些方向性也能够表现出明显的各向异性，在地壳内，通常认为各向异性主要是由上地壳裂隙分布或流体包裹体所引起[105]的。此外，裂隙内所含的油、气、水对速度也有一定的影响，从而形成各向异性。

(3)晶格优势排列(LPO)

地幔中一些矿物相在一定条件下发生了塑性变形，这种变形可导致矿物晶格的优势方向，被广泛认为是在上地幔中大规模地震波各向异性的原因。由于上地幔中的主要组分是橄榄石，因此常用橄榄石的晶格优势方位排列（LPO）来解释上地幔各向异性。另外，斜方辉石和单斜辉石可造成大于10%的速度异常[58, 106]。通常情况下晶体的排列方向是随机的，晶体的各向异性在不同方向可以相互抵消。但在地幔对流等影响下，应力场作用下的晶体发生塑性变形导致各向异性矿物沿着地幔流动方向进行重新排列，从而形成各向异性，这被广泛认为是上地幔大规模地震波各向异性的主要来源。

（4）形状优势方向（SPO）

物质本身是各向同性，但是由于物质空间组构不同引起地震波各向异性[54]。主要有两种情况：①裂隙产生的各向异性，是上地壳或内核里的裂隙和/或流体包裹体引起的，使得快慢波分裂时间较小。②地震波波长各向异性，在大尺度构造下岩石本身是各向同性的，但由于地震波波长比其薄层厚度大，其薄层是横向各向同性的，从而形成地震波波长各向异性。

3.2 地震波各向异性的类型

近年来地震波被广泛应用到地壳各向异性的研究中，地震波研究各向异性主要有两大类：体波和面波，体波主要有P波、S波、速度间断面上的Ps、SKS转换波和Pn波；面波主要有Rayleigh波和Love波。

（1）体波各向异性

对体波来说，远震剪切波分裂所形成的各向异性，被剪切波观测并量测，称之为体波各向异性。剪切波分裂是地球介质中各向异性最明确的观测证据。

用于远震剪切波分裂研究的震相有多种，如SKS，SKKS，PKS，ScS和S波。该方法所选用的地震事件是深源地震避开来自于震源处地壳各向异性的干扰，从SKS波获得的分裂信息的不确定性因素最少，所以在上地幔各向异性分析中一般采用SKS波，但它的缺点是对垂向分辨率不敏感，不适用于倾斜对称轴造成的各向异性。

利用接收函数在Moho面的转换波Ps研究地壳内各向异性也是横波分裂的一种，特别是下地壳各向异性特征。理论上，各向同性的均匀水平层状介质中，接收函数只有径向分量且Ps转换波的相对到时与地震方位角无关。各向异性介质和具有倾斜界面各向同性介质都可产生切向分量的能量分布，且其分布和径向分量上的Ps到时都与后方位角有关。水平对称轴的各向异性介质引起的切向分量能量由于对称性而表现为180°的周期性，当各向异性介质对称轴不再水平时，就破坏了180°的周期性。所以研究地壳介质各向异性可以从接收函数集中的Ps转换波的能量分布特征入手。

Pn 波速度方位变化与上地幔介质晶体的固有各向异性有关，该种波形最早观测到各向异性现象。由于物质成分和温度的改变都会造成 Pn 波速度发生变化，并且它的各向异性可能指示地幔变形的过程，所以 Pn 波各向异性已经成为探测岩石圈变形的重要手段。一般情况下，Pn 波速度各向异性的快波方向与 SKS 各向异性的快波方向一致。另外，由于 Pn 波在上地幔沿近水平方向传播，SKS 波则沿近垂直方向传播，所以 Pn 波是对地幔顶部各向异性结构的水平取样，而 SKS 波则是对地幔各向异性的垂直取样。如 Pn 快波传播方向与 SKS 各向异性的快波方向一致，则认为该区各向异性结构随垂向变化不大，反之地幔垂向内存在多个各向异性层。

（2）面波各向异性

面波也可用于研究各向异性，有以下两种方法。

第一种是 Love 波与 Rayleigh 波由于极化方向的不同而产生的速度差异，通常称为极化各向异性。如采用理论同步反演 Rayleigh 波和 Love 波频散的形式，可得到全球尺度的 S 波极化各向异性在不同深度范围的分布[107]。

第二种是方位各向异性，它是从面波观测的研究中发现面波相速度/群速度与传播路径的方位角有关，而称之为方位各向异性。20 世纪 80 年代，在区域尺度上很多层析成像方法研究证实了太平洋、非洲、印度洋都存在着方位各向异性，研究深度达到 300 km[108, 109]。

实际上方位各向异性与极化各向异性是同一种现象不同的表现，都源于上地幔各向异性。

3.3　地震波各向异性的研究方法

目前，采用地震波研究地球深部构造已经被广泛使用，而板块运动在很大程度上决定了地幔各向异性的大小与方向，因而地幔各向异性被认为是研究上地幔动力学的重要参数，是推断大陆深部结构和演化以及大陆下部地幔变形等方面的重要依据。如通过地震波各向异性的观测可以获取地球内部构造变形、地幔对流[110]以及岩石圈的部分拆沉等[111, 112]。研究地球内部各向异性的方法主要有以下几种：用 Rayleigh 面波相速度频散资料研究地壳上地幔介质的方位各向异性、Pn 波随方位角变化研究海洋和大陆上地幔顶部的各向异性特征、剪切波分裂方法研究来自上地幔各向异性特征，以及近年来发展起来的运用接收函数集中的 Moho 面 Ps 转换波随方位角的变化特征来研究地壳内部各向异性。这些给研究地球动力学提供了重要依据[77, 78, 80, 81, 104, 113]。下面就针对以上几种方法进行简要介绍。

3.3.1　Rayleigh 面波的频散方法

它采用的是双台窄带通滤波－互相关方法，通过研究面波相速度与传播方位角之间的关系（方位角是指波矢量与正北方向的夹角），来计算方位各向异性的强度与波的快速传播方向（简称快波方向）。Forsyth 在 1998 年和 2003 年通过研究非平面波能量对相速度的关系，发现沿平行于地球表面的方向传播的面波，其振幅在深度上分布不随水平位置改变，它的能量呈二维扩散，其几何扩散因子为 $1/\sqrt{r}$（r 为震源到记录点的距离）[114]。由于面波的水平传播具有一定程度的垂向分辨率，所以面波层析成像也是地壳上地幔各向异性的重要来源。

3.3.2　横波分裂方法

横波在各向异性介质传播中可分裂成两个互相正交的分量，这两个分量以不同速度传播的现象称为横波分裂现象（图 3－1）。剪切波分裂方法的目的就是计算快波偏振方向 φ 和快波与慢波的走时差 δt。目前，各向异性研究的横波分裂方法中所采用的地震震相主要有近源深震直达 S 波、远震 ScS 波、SKS、SKKS、PKS 波等。这是由于此类横波具有近垂直入射角，对地幔顶部的横向各向异性有较好的分辨率，其结果可直接反映上地幔的地质构造特性。

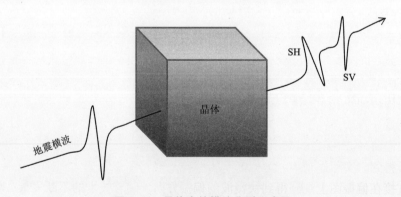

图 3－1　晶体中的横波分裂示意图

PKS、SKS、SKKS 波从震源出发时为 S 或 P 波，经过液态的外核转换为 P 波（液态的外核无 S 波传播），当再次经过核－幔边界反射进入地幔时又由 P 波转换为 S 波，然后被接收台站接收（图 3－2）。如果各向异性存在于核－幔边界到接收台站之间，S 波将分裂成两个偏振方向互相垂直的 SH 和 SV 子波并以不同的速度传播，即快慢波。用此方法研究地幔各向异性有以下优点：①波的分裂参数直接反映的是从核－幔边界到接收台站的各向异性，消除了震源处各向异性影响。

②观测比较简单,因为在各向同性球对称的地球中,所接收到的横波只有径向分量,没有切向分量。因此,若记录到的波在切向分量上具有很强的能量分布,可直接提取各向异性参数。③在震中距 85°~110°范围,远震地震波近垂直入射,容易识别,能量较强,直接反映台站下方的地幔各向异性,具有较高的横向分辨率。④分析方法简单可靠。

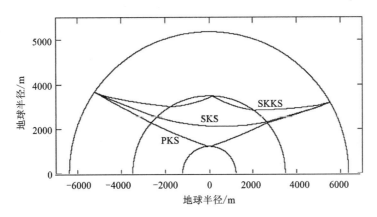

图 3 - 2 远震震相(SKS、SKKS 和 PKS)射线传播路径示意图

当射线路径经历各向异性介质的范围较大、传播时间较长时,快波和慢波的波形记录就会完全分开。Ando 在 1982 年通过分析日本中部地区深源地震短周期直达 S 波,首次发现 S 波分裂是由上地幔各向异性引起的,并采用了一种较为直接的方法展示了快波方向以及快波与慢波的时间延迟 δt[56]。他是将水平分量的地震图旋转到快波和慢波的方向恰好与各向异性的快慢轴方向一致时,快波和慢波的能量分布就会完全集中在快轴和慢轴上。同时快慢波的时间延迟 δt 也就可以由快慢两种波在时间轴上相减得到,快慢轴的方向也可直接由质点运动的轨迹图分析得到。实际记录中,互相交叉的偏振一般是不容易通过图偏振分析得到,很难直接在偏振图上观测得到快慢波的偏振方向。随着技术的不断发展,网格搜索方法逐渐被广泛使用,它采用的是互相关方法得到快波方向和时间延迟。从此相关性技术迅速发展,如高原等在相关函数上又提出了一种用于剪切波分裂的系统分析方法——SAM 方法,包括相对函数计算、时间延迟校正和偏振分析试验三部分[115]。

另外,我们知道剪切波分析方法大多采用的是远震数据,在采用剪切波分裂方法进行上地幔的研究过程中,对于远震震相短周期的能量大多在传播过程中被衰减掉了,而只剩下长周期信息可以利用。所以在研究上地幔各向异性时,一般采用从远震中分离出来的 SKS 波,于是 Vinnik 等(1989),Silver 和 Chan(1991)分别基于 SKS 震相研究出了两种常用方法[101, 116]。这两种方法都是基于剪切波分裂的基础上采用网格搜索寻找快波偏振方向 φ 和快慢波时间延迟 δt。Vinnik 等在1989 年根据这一原理通过径向分量波形，再假设各向异性参数 φ 和 δt，通过拟合切向接收函数计算假定分裂参数[101]。随后 Silver 和 Chan 在 1991 年也通过假定分裂参数 φ 和 δt，反过来将观测到的径向和切向分量波形还原成分裂前的偏振状态，使切向分量的能量最小，进而求得 φ 和 δt[116]。随着科技的发展，在此两种方法的基础上也有了新的改进，其原理仍依附于网格搜索方法。

3.3.3 接收函数中 Moho 面 Ps 转换波方法

利用接收函数中 Moho 面 Ps 转换波随方位变化特征来研究地壳各向异性的方法称之为接收函数 Ps 转换波法。该方法与传统意义上的接收函数方法研究台站下方的速度结构和地壳厚度的方法类似。它包括以下四部分：实测数据地震记录的接收函数提取、理论接收函数计算、分析 Ps 波形的特征、拟合径向与切向接收函数。

理论接收函数是接收函数反演地壳各向异性的基础，各向异性介质中的理论接收函数的计算主要有反射率法[91, 117–119]、有限差分法[120]、波动射线法[121, 122]等。通过理论接收函数模拟表明，当地震事件的后方位角覆盖较好时，对有效区分各向异性与倾斜界面的影响有很大帮助。当地震分布不均匀时，由于倾斜面的影响，径向接收函数 Ps 波的波形不容易体现各向异性的周期性。

各向异性介质下 Moho 面 Ps 转换波形的特征对分析各向异性介质极为重要。McNamara 和 Owens(1993)通过 Ps 波震相互相关分析研究了美国盆岭地区下地壳各向异性，通过 Ps 波在每个台站的特征发现，每个台站的快波偏振方向平行或近平行于最大水平应力方向[68]。理论上，在各向同性的均匀水平层状介质中，接收函数只有径向分量(R 分量)且当忽略射线参数的影响时，Moho 面 Ps 转换波的到时与地震方位角无关。各向异性介质可以使 Moho 面 Ps 转换波发生随后方位角呈现 $\cos(2\theta)$ 的变化特征，θ 是地震事件的后方位角；也会使得切线分量(T 分量)产生能量分布，并且其能量的分布特征呈现正负能量交替分布。产生切向分量能量的因素还包括地震波的散射、断层带等，但它们的影响主要在切线分量的后部，容易去除[123]。各向异性介质和具有倾斜界面各向同性的介质虽然都能产生接收函数的切线分量的能量分布，但两者还是有显著的不同。徐震等(2006)分析了地震波在倾斜界面上各向同性介质引起的切向分量的能量分布发现，T 分量的 Ps 波和 R 分量的 Ps 波没有到时差，仅当各向异性介质位于第 1 层时 T 分量的起始时间才与 R 分量 P 波初至波到时相同；当地震波沿着倾斜界面走向入射时产生的 T 分量的能量最大，垂直走向入射时则 T 分量的能量最小。T 分量能量分布随着地震后方位角的变化呈 360°的周期变化[124, 125]。Chen 等在 2013 年采用 Moho 面 Ps

转换波方法研究了龙门山地区的地壳各向异性，指出了该地区地壳各向异性的横波分裂时间呈 0.1～0.3 s 分布[126]。

3.4　横波分裂与构造动力学之间的关系

无论是 SKS、SKKS、PKS 还是 Moho 面 Ps 转换波都是基于横波分裂来确定地球内部的各向异性。如何通过横波分裂来确定地球内部的构造动力学，即横波分裂与构造动力学之间存在什么样的关系？下面就从以下几个方面进行分析：

Crampin 在 1985 通过研究地壳各向异性认为，地壳各向异性是由于含流体裂隙或孔隙在应力作用下定向排列造成[54]。剪切波遇裂隙分裂的快波偏振方向与水平最大主压应力方向一致，时间延迟随着应力场的增强而增大。以往的研究结果表明，在上地壳各向异性剪切波分裂时，快、慢波之间最大不超过 0.2s。但中下地壳各向异性的情况还一直不清楚，直到 Liu 和 Niu（2012）和 Sun 等（2012）指出了当地壳内含有部分熔融状态或者强大的应力作用时，中下地壳存在较强的各向异性，如青藏高原东南部区域的下地壳流作用[69, 104]。

大洋上地幔各向异性的横波分裂观测结果与板块构造运动过程都解释为晶格的定向排列，主要观点有：洋壳俯冲、洋中脊的海底扩张、软流层和岩石圈间的运动差异等。如在局部热点区域岩石圈和软流层间岩浆上涌、地幔柱等。

对大陆上地幔各向异性解释主要存在三种假说：①板块的绝对运动假说，认为板块及其下部地幔之间的运动差异造成了各向异性。应变主要集中在软流层和岩石圈，与板块运动有关的应变主宰着大陆形变。②大陆地壳应力假说，认为岩石圈弱应力导致各向异性，不涉及物理过程；与地壳构造应力的释放过程有关，如山的形成和隆起、洋脊的推覆、地壳基底对板块的牵引力等。对于张性的活动和板块碰撞区域的纯剪切变形，快波偏振方向平行于板块边界。当板块的最大水平压应力与板块绝对运动方向相同时，各向异性快波偏振方向与最大水平压应力方向平行。③大陆岩石圈最近一次显著的内部连贯变形假说，认为上地幔各向异性是由地球内部的构造活动，如山的隆起、造山运动、板块走滑变形等造成的。对于造山带，快波方向平行于构造走势而垂直于碰撞方向；对于具有拉张力作用的区域，快波方向平行于拉张方向；对于大型板块走滑边界，快波方向平行于走滑断层走向。

3.5　小结

通过大量的观测和计算表明，地震各向异性在地壳及上地幔中普遍存在。通过对 SKS、SKKS、PKS、Ps 波研究地震各向异性来了解地球深部构造以及地球动力学研究，解释地幔垂直对流、地幔热柱、地球内部物质和能量交换等问题提供了强有力的手段。同时，地壳各向异性特征受地球内部应力作用、地质构造、断裂等因素影响，与地壳运动有着密切联系，具有很强的区域性，对研究区域深度地球物理探测具有重要意义[43]。

剪切波分裂方法是目前用来研究台站下方地壳和上地幔各向异性的最常用方法。该方法采用 SKS、SKKS、PKS 波震相清晰，提取简单，对多个事件记录进行叠加处理，使得其震相具有较高的信噪比。但该方法不具有垂向分辨率，所以不能判断所观测到的各向异性来自于地壳还是上地幔，由于上地壳各向异性大多由微小裂隙造成，其分裂时间一般不会大于 0.2 s，所以原则上采用 SKS/SKKS 分裂方法计算的分裂时间归结为上地幔，却忽略了下地壳构造。

根据上述研究，在剪切波分裂方法的基础上发展了接收函数中 Moho 面的 Ps 转换波方法。该方法在理论上较为完善，可用于研究复杂的各向异性的地壳构造，尤其是垂向地壳分层速度结构以及各向异性强度等研究，为地球动力学提供了有力的证据。采用接收函数方法研究地壳各向异性的方法是一种应用潜力很大的新方法，由于 Ps 转换波相对 SKS/SKKS 波的信号微弱，SKS/SKKS 横波分裂技术应用到接收函数中 Moho 面 Ps 转换波误差较大甚至与数据相差甚远。Niu 和 Sun(2012)基于接收函数引入了一种新的计算地壳各向异性的接收函数集方法，该方法将在下一章进行详细的介绍；要区分各向异性和倾斜各向同性介质下 Ps 转换波的特征，该方法对地震事件方位角的覆盖要求也较高[104]。

第 4 章　接收函数集计算地壳各向异性

目前，采用接收函数研究地震各向异性越来越受重视，自 McNamara 和 Owen (1993)利用 Moho 面 Ps 转换波互相关分析的方法研究了美国盆岭地区下地壳各向异性开始[68]，Peng 和 Humphreys(1997)基于理论接收函数对内华达西北地区的倾斜 Moho 面和地壳各向异性进行了研究[127]。接着 Savage(1998)利用理论接收函数分析了新西兰 SNZO 台站的地壳各向异性和倾斜界面转换波的特征[128]。Vinnik 和 Montagner(1996)、Girardin 和 Farra(1998)分别采用了加权叠加和理论接收函数拟合方法研究了德国 GRF 台阵下方和澳大利亚东南部地区的地幔各向异性特征[129, 130]。随后又在接收函数方法的基础上反演了青藏高原中部地壳各向异性[106, 131]。Nagaya 等(2008)也将横波分裂技术应用到日本西南部地区 Moho 面转换波 Ps 震相中，其结果显示快波偏振方向平行于水平最大主应力方向，这一结论与 Ando 和 Kaneshima(1990)采用区域地震测量到的结果一致[57, 132]。利用接收函数研究地壳以及地幔各向异性和速度间断面的特征已经成为对地球深部结构研究的重要手段。本章采用 Liu 和 Niu(2012)所提出的接收函数集方法来计算地壳各向异性特征[69]。从实际资料中提取 Moho 面 Ps 转换波在地壳各向异性介质下的方位变化特征，反演地壳各向异性。接下来就针对该接收函数集方法中所涉及的内容进行分析。

4.1　接收函数生成和时差校正

根据第 2 章的接收函数理论，采用水准值反褶积技术可写出 R 和 T 分量的接收函数[79, 85]，该频率域可表示为：

$$F_r(\omega) = R(\omega) Z^*(\omega) e^{-\left(\frac{\omega}{2a}\right)^2} / \max\left\{ Z(\omega) Z^*(\omega),\ k \mid Z_{\max}(\omega_0) \mid^2 \right\}$$
$$F_t(\omega) = T(\omega) Z^*(\omega) e^{-\left(\frac{\omega}{2a}\right)^2} / \max\left\{ Z(\omega) Z^*(\omega),\ k \mid Z_{\max}(\omega_0) \mid^2 \right\} \qquad (4-1)$$

式中，其参数信息与第 2 章中接收函数的参数信息一样。当接收函数生成之后，对 R 和 T 分量在时间范围 $-10 \sim 40$ s 进行能量归一化处理。

时差校正的方法同第 2 章中的时差校正基本一样，唯一不同的是，采用接收函数叠加计算 Moho 面深度和 V_p/V_s 比值时，由于相对时差较小可以忽略时差校正。但是在进行各向异性计算时，由于各向异性会使 Ps 转换波的相对到时发生大小不等的位移，所以不能忽略 Ps 转换波的时差校正。我们选用修订后的

IASP91 的地震波模型（Kennett and Engdahl，1991）作参考模型，计算 Ps 转换波的到时差并矫正[91]。矫正过程中选择地震数据中震中距为 60°、震源深度为 0 m 的接收函数，作为理论计算 Ps 波以及多次转换波到时作为参考到时。时差矫正后的 R 和 T 接收函数随后方位角的变化特征就很明显地展示出来了。

4.2　各向异性介质下 Moho 面 Ps 转换波的方位角变换特征

本书研究的地壳各向异性模型是具有水平对称轴的横向各向异性介质（HTI）。为了从接收函数中粗略地计算地壳各向异性，首先采用理论合成各向异性接收函数来研究 Ps 转换波[133]，我们发现 Moho 面 Ps 转换波随后方位角变化具有以下特点：①径向接收函数（R）记录到的 Ps 转换波的到时随地震事件的后方位角 θ 方向上呈现 $\cos(2\theta)$ 变化[图 4 - 1（a）]；②切向接收函数（T）记录到的 Ps 转换波是径向分量中 Ps 转换波的导数。它的振幅和极性都会随后方位角 θ 发生 $\sin(2\theta)$ 变化[图 4 - 1（b）]。同时 Liu 和 Niu（2012）采用表 4 - 1 中的地壳模型进行了理论合成各向异性，其结果与 Frederiksen 的结果一致，这些特点都可以用来确定地壳各向异性。Levin 等（2008）在各向异性模型下采用正演模型拟合了接收函数中的快波方向，为了更好地确定各向异性的参数，他们第一次采用了切向接收函数的 Ps 转换波极性变化来确定快波方向[134]。本研究就根据这些 Moho 面上 Ps 转换波所展示出的地震波各向异性的特点来提取地壳各向异性中的分裂参数（快波方向 φ 和时间延迟 δt）。

表 4 - 1　理论合成接收函数测试的地壳模型

	Model	H /(km)	V_p /(km·s^{-1})	V_s /(km·s^{-1})	ρ /(g·cm^{-3})	快波方向	各向异性	倾斜度	走滑情况
M1	一层各向异性	50.0	6.5	3.75	2.9	0°	4%	无	无

由于单个接收函数中 Moho 面 Ps 转换波相对 SKS/SKKS 中的转换波信噪比较小，所以本书采用接收函数集联合求解各向异性参数来代替前人所使用的单个接收函数横波分裂方法[68, 132, 135]。为了进一步验证该方法的有效性，又根据校正后的径向/切向接收函数中 Ps 波的叠加信噪比与叠加的接收函数数量的平方根关系进一步判断各向异性参数的有效性。

下面就以研究区域中四川境内台站 SC. LTA 的 R 和 T 接收函数集来举例说明。各向异性校正前和校正后接收函数集的特征（图 4 - 2），接收函数的排列按

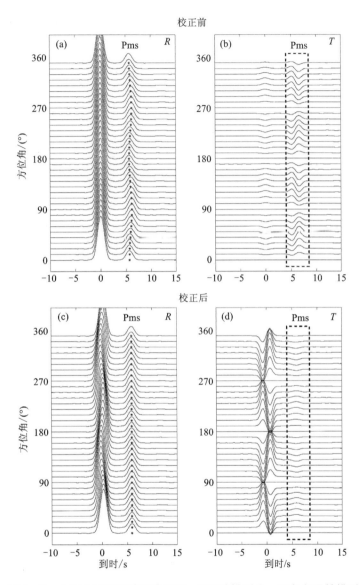

图 4 - 1　人工合成地震波接收函数，采用的模型为一层各向异性模型

(引自 Liu and Niu, 2012)模型参数见表 4 - 1

(a)，(c)分别为各向异性介质下的径向和切向接收函数；

(b)，(d)分别为各向异性校正后的径向和切向接收函数

照该台站的方位角由 0° ~ 180°中每 10°进行叠加求平均值。实线表示所有接收函数中 Moho 面 Ps 转换波相对 P 波的平均到时。各向异性校正前 R 和 T 接收函数 [图 4 - 2(a)，(b)]的转换波 Ps 在相对到时上呈现出 cos(2θ)的特点，校正后 R

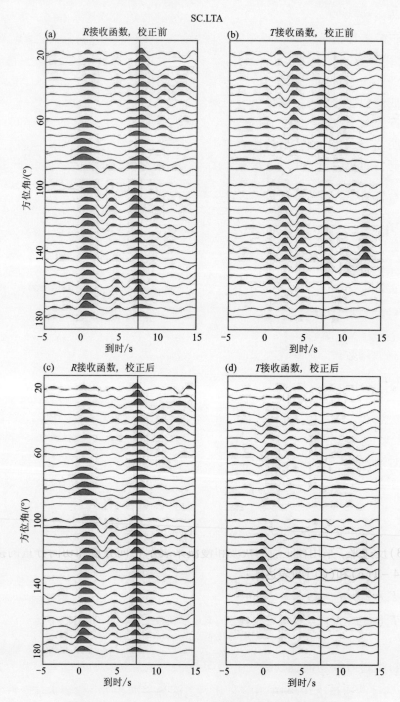

图 4 - 2　台站 SC. LTA 下方的径向和切向接收函数；
地壳各向异性校正前(a)(b)和校正后(c)(d)的接收函数

和 T 接收函数［图 4 - 2(c)，(d)］的转换波 Ps 的相对到时基本上在一条直线下。并且校正后 T 接收函数中 Ps 转换波的能量［图 4 - 2(d)］相对校正前的［图4 - 2(b)］受到压制。

　　Liu 和 Niu(2012)也采用不同各向异性模型对该方法进行了验证，该技术在理论合成模型中可以很好地反演出地壳各向异性[69]。并还将此方法应用到中国西部地区的两个台站，以及本研究区域范围内的台站中，都取得了良好的结果。实践证明该方法能够有效地计算地壳各向异性。接下来从如何通过单个接收函数计算地壳各向异性到采用接收函数集来计算平均地壳各向异性，分析地壳各向异性的特征，验证地壳中的各向异性来源。

4.3　单个接收函数的剪切波分裂

　　采用接收函数方法对地壳各向异性的研究[132, 136]是从前人对 SKS 横波分裂技术改进而来的[116, 137]。该分裂技术采用了网格搜索，确定快波方向(φ)和快慢波之间的时间延迟(δt)，主要分为以下四个步骤：

　　(1)在引入快波和慢波情况下，以及快慢波之间的走时差时，分别采用径向和切向接收函数建立起快波和慢波接收函数的表达式：

$$F_f(t, \varphi) = F_r(t) \cdot \cos(\varphi - \theta) + F_t(t) \cdot \sin(\varphi - \theta)$$
$$F_s(t, \varphi) = -F_r(t) \cdot \sin(\varphi - \theta) + F_t(t) \cdot \cos(\varphi - \theta)$$

$$(4 - 2)$$

式中，θ 表示每个接收函数的后方位角。

　　(2)将式(4 - 2)中对快波 $F_f(t, \varphi)$ 的走时后推二分之一个快慢波时间延迟(δt)；对慢波 $F_s(t, \varphi)$ 的走时前移二分之一的时间延迟进行快波和慢波的时间差校正，于是可以得到快波时间延迟校正后和慢波时间前移校正后的表达式：

$$F_f^c(t, \varphi, \delta t) = F_f(t + \delta t/2, \varphi)$$
$$F_s^c(t, \varphi, \delta t) = F_s(t - \delta t/2, \varphi)$$

$$(4 - 3)$$

　　(3)反过来，采用校正后的快波和慢波来表示径向分量和切向分量的接收函数［图 4 - 1(c)和(d)］的表达式：

$$F_r^c(t, \varphi, \delta t) = F_f^c(t, \varphi, \delta t) \cdot \cos(\varphi - \theta) - F_s^c(t, \varphi, \delta t) \cdot \sin(\varphi - \theta)$$
$$F_t^c(t, \varphi, \delta t) = F_f^c(t, \varphi, \delta t) \cdot \sin(\varphi - \theta) + F_s^c(t, \varphi, \delta t) \cdot \cos(\varphi - \theta)$$

$$(4 - 4)$$

　　(4)通过寻找切向接收函数中 Ps 转换波的能量最小值来搜索横波分裂参数(φ, δt)或者根据时间校正后快波和慢波分量进行相关性分析 $c(\varphi, \delta t)$ 最大值来确定横波分裂参数：

$$c(\varphi, \delta t) = \int_{t_b}^{t_e} F_f^c(t, \varphi, \delta t) \cdot F_s^c(t, \varphi, \delta t) \qquad (4-5)$$

式中,$[t_b, t_e]$指 Ps 转换波震相的到时窗口。

以上方法是应用于地震台站下的单个接收函数对(径向接收函数和切向接收函数)估计横波分裂参数$(\varphi, \delta t)$。选取 φ 最多的方向作为快波方向,时间延迟 δt 是所有接收函数时间延迟的平均值。Liu 和 Niu(2012)用此方法应用到几个理论合成接收函数中发现只有当数据噪声较低时才能够使用该方法[图4-3(a)],当噪声占信号的 30% 时就会使计算的快波方向发生近 30° 的变化[图4-3(b)][69]。在高噪声的信号下,测量的快波方向是高度分散的,并且对输入模型不敏感[图4-3(c),(d)]。

4.4 接收函数集的剪切波分裂

通过以上计算方法可知,在噪声较大的情况下,从 SKS/SKKS 发展起来的单个接收函数计算横波分裂的技术不适于 Moho 面 Ps 转换波计算地壳各向异性。为了提高 Moho 面 Ps 转换波的信噪比,设计了四种适于单台站下方所有接收函数叠加求解横波分裂参数$(\varphi, \delta t)$的方法(接收函数集求解横波分裂方法)。前三种方法针对的是单分量的接收函数处理,最后一种方法综合了前三种方法,引入了各向异性在切线分量和径向分量的特点进行联合分析。下面就针对这四种方法进行分析。

第一种,余弦校正后的径向接收函数的叠加能量最大,该方法基于图4-1(a)中理论合成各向异性模型下的径向接收函数中 Moho 面 Ps 转换波波峰的到时呈现出 $\cos(2\theta)$ 的性质。快波方向和时间延迟可以通过计算校正后的 Ps 转换波能量的最大值来求得。首先在 Ps 转换波到时的一定窗口内求解通过余弦函数校正后能量叠加与校正前能量叠加的比值的最大值来搜索对应的横波分裂参数$(\varphi, \delta t)$,其计算如式(4-6)所示:

$$I_{ra}(\varphi, \delta t) = \frac{\left\{ \sum_{j=1}^{N} F_r^j \left[t - \dfrac{\delta t}{2} \cos 2(\varphi - \theta_j) \right] \right\}_{max}^2}{\left\{ \sum_{j=1}^{N} F_r^j(t) \right\}_{max}^2} t \in [t_b, t_e] \qquad (4-6)$$

式中,θ_j 表示第 j 个接收函数的后方位角,N 表示单个台站下方参与计算的总的接收函数个数,max 表示在 Ps 转换波的时间窗口$[t_b, t_e]$范围内 Ps 转换波能量的最大值。下面以研究区域内台站 SC.LTA 为例展示$(\varphi, \delta t)$变化的最大能量比值函数[图4-4(a)]。φ 在 0°~360° 以 1° 为步长变化,δt 从 0.0~1.5 s 以 0.02 s 为步长变化,当能量比值 I_{ra} 达到最大时,$(\varphi = 108°, \delta t = 0.64 \text{ s})$即是所求解的地壳各向异性中横波分裂参数值。

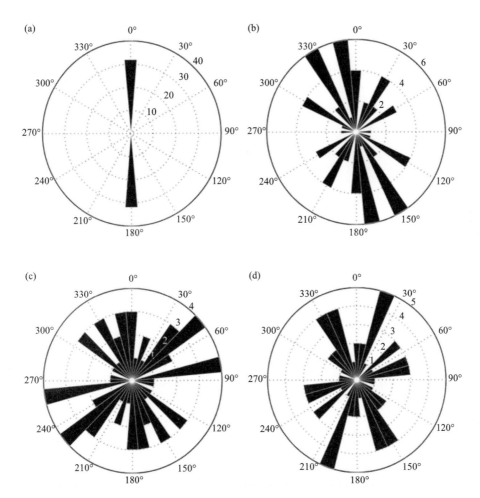

图 4 - 3　玫瑰图显示单个理论合成接收函数计算各向异性模型中带有不同大小的噪声的结果
(a)0% 的噪声；(b)30% 的噪声；(c)60% 的噪声。在制作该图的时候采用每 10°的接收函数进行叠加，圆圈上的数字代表着一定范围内叠加后的总能量分布；(d)一层各向同性介质另加入 30% 的高斯噪声。
(引自 Liu and Niu, 2012)

第二种，径向接收函数中 Ps 转换波的相关性最大，该方法根据的是径向接收函数中单台站下任意两个接收函数的相关性来估算分裂参数(φ, δt)。首先根据式(4 - 2)至式(4 - 4)得到各向异性校正后的径向接收函数和切向接收函数，然后写出该台站下校正之后的径向接收函数的相关性数值与校正前的相关性数值的比值的表达式(4 - 7)。当相关性比值 I_{rcc} 为最大值时，($\varphi = 106°$，$\delta t = 0.60$ s)就是所求解的地壳各向异性的横波分裂参数值[图 4 - 4(b)]。

$$I_{rcc}(\varphi, \delta t) = \frac{\int_{t_b}^{t_e} \{ [\sum_{j=1}^{N} F_{r,j}^c(\varphi, \delta t, t)]^2 - \sum_{j=1}^{N} [F_{r,j}^c(\varphi, \delta t, t)]^2 \} dt}{\int_{t_b}^{t_e} \{ [\sum_{j=1}^{N} F_{r,j}(t)]^2 - \sum_{j=1}^{N} [F_{r,j}(t)]^2 \} dt} \quad (4-7)$$

第三种,切向接收函数的 Ps 转换波的能量最小,该方法采用 Silver 和 Chan (1991)的技术应用于多个地震事件中[138-140]。在各向异性介质下,Moho 面的转换波 Ps 震相是径向极化,所以地壳内切向分量的接收函数只有在不均匀介质里才有能量分布。根据表达式(4-2)至式(4-4),在引入横波分裂参数$(\varphi, \delta t)$时得到时间校正之后的切向接收函数,通过时间偏移校正之后与校正之前的比值的最小值来获得地壳各向异性的横波分裂参数。其关系式如下:

$$I_{te}(\varphi, \delta t) = \frac{\sum_{j=1}^{N} \int_{t_b}^{t_e} [F_{t,j}^c(\varphi, \delta t, t)]^2 dt}{\sum_{j=1}^{N} \int_{t_b}^{t_e} [F_{t,j}(t)]^2 dt} \quad (4-8)$$

式中,j 和 c 表示第 j 个各向异性介质下时间校正后的切向接收函数。N 表示接收函数的总个数,$[t_b, t_e]$ 表示 Ps 转换波的时间窗口。当 I_t 最小时,$\varphi = 91°$,$\delta t = 0.62$ s,即为地壳各向异性的横波分裂参数。为了统一化,我们采用的是 I_t 的倒数的最大值来展示其结果[如图 4-4(c)]。

第四种,联合方法,该方法是以上三种方法的集成,对每一种方法都取了一定的权重值,其公式如下:

$$I_{jof}(\varphi, \delta t) = \frac{[I_{ra}(\varphi, \delta t)]^{w_1} [I_{rcc}(\varphi, \delta t)]^{w_2}}{[I_{te}(\varphi, \delta t)]^{w_3}} \quad (4-9a)$$

也可以重新将上式写成以下形式

$$\ln I_{jof}(\varphi, \delta t) = w_1 \ln I_{ra}(\varphi, \delta t) + w_2 \ln I_{rcc}(\varphi, \delta t) - w_3 \ln I_{te}(\varphi, \delta t) \quad (4-9b)$$

式中,w_1,w_2,w_3 表示单个方法在联合方法计算中所占的权重系数,我们在该研究中设定他们的权重系数分别为 1,如图[4-4(d)]所示。综合以上三种方法的基础上得到横波分裂的快波方向和分裂时间参数分别为 $\varphi = 95°$,$\delta t = 0.6$ s。

为了进一步验证以上方法的有效性,又引入了一种信噪比综合测试法。该方法在径向和切向接收函数中采用各向异性校正之后 Ps 转换波叠加信噪比值与叠加数量的平方根的关系来判断。提高信噪比的方法,一般是通过接收函数的叠加处理,因为信噪比一般与叠加数量的平方根($N^{1/2}$)成正比。采用这个标准来诊断一定时间窗口内的数据信号,包括相干信号和随机噪声两部分。尽管切向(T)接收函数各向异性校正后的信噪比与随机噪声一致,但对于径向(R)接收函数中的各向异性校正后的信噪比依赖于相关信号 Ps 转换波的叠加。首先从单个地震台站下的总共 M 条接收函数中随机选择 N 条接收函数进行线形叠加,计算该时间窗口内叠加后的信噪比。为了使得求解的信噪比随叠加数值($N^{1/2}$)的关系具有普遍性和综合性，我们采用了 m 倍重复叠加计算信噪比，然后求其信噪比 m 倍的几何平均数。这里的 $m = 100$，其 m 倍的几何平均数的信噪比表达式可写成以下形式：

$$\sigma_N = \prod_{k=1}^{m} \left\{ \int_{signal} \left[\sum_{j=1}^{N} F_j^k(t, \varphi, \delta t) \right]^2 dt \Big/ \int_{noise} \left[\sum_{j=1}^{N} F_j^k(t, \varphi, \delta t) \right]^2 dt \right\}^{1/m}$$

$$(4-10)$$

式中，σ_N 表示 N 条接收函数叠加后的信噪比（SNR），$F_j^k(t, \varphi, \delta t)$ 表示在 k 个样本下径向或切向的第 j 个接收函数。信号和噪声的时间窗口都取与 Ps 到达的窗口一致，N 从 1 到 m。对于信号中的 σ_N，随叠加次数 $N^{1/2}$ 呈线形增加，但对于随机噪声中的 σ_N，则随叠加次数的变化而变化。

可以通过对比以下六种不同的数据，利用校正之后和校正之前叠加信噪比 σ_N 与 $N^{1/2}$ 的关系，来分析计算地壳各向异性方法的有效性。六种数据分别为：①校正前切向（T）接收函数 $F_t(t)$；②只经过极性校正但未进行各向异性校正的 T 接收函数 $F_t^p(t)$；③只经过各向异性校正未进行极性校正的 T 接收函数 $F_t^c(t, \varphi, \delta t)$；④经过各向异性校正又进行了极性校正的 T 接收函数，$F_t^{cp}(t, \varphi, \delta t)$；⑤校正前 R 接收函数 $F_r(t)$；⑥各向异性校正后的 R 接收函数 $F_r^c(t, \varphi, \delta t)$。这六种情况下叠加信噪比分别命名为 σ_{N1}，σ_{N2}，σ_{N3}，σ_{N4}，σ_{N5}，σ_{N6}。在各向异性介质中，Ps 转换波在 T 分量上具有 4 个象限的极性变化，因此在接收函数覆盖整个后方位角时，σ_{N1} 不会随叠加数量的增加而增大［图 4-4(e)实心正方形］。然而 σ_{N2} 在经过极性校正后的 T 接收函数的叠加信噪比就会随叠加次数的增加而增大［图 4-4(e)空心正方形］，也就是说如果是在各向异性介质下，σ_{N1} 随着叠加数量保持水平不变而 σ_{N2} 会随着叠加数量 $N^{1/2}$ 增加成线形递增。一旦地壳各向异性校正之后，T 接收函数中就主要剩下随机噪声，因此无论波形的极性在叠加之前是否变化，波形的振幅叠加都会保持不变。即 σ_{N3} 和 σ_{N4} 都与 N 无关［图 4-4(e)圆］。与此同时，R 接收函数中各向异性校正之后叠加信噪比［图 4-4(f)实心三角形］应当高于未进行各向异性校正叠加信噪比［图 4-4(f)空心三角形］，即 $\sigma_{N6} > \sigma_{N5}$。这是由于各向异性矫正后的 R 接收函数中的 Ps 转换波的到时基本上一致，叠加后的信噪比也会增强。

以上就是该研究中计算地壳各向异性所采用的四种方法和叠加信噪比的验证方法。通过图 4-4 中 SC. LTA 台站中的各向异性计算结果，初步推断该台站下方地壳中具有明显的地震波各向异性。但研究区域内并不是全部台站都通过该方法测量出了横波分裂参数，如四种方法的结果相差较大，或者校正后的信噪比综合测试没有达到要求时，我们不能确定该台站下方的地壳具有方位各向异性［如图 4-5(SC. JLI)、图 4-6(YN. YOS)］。

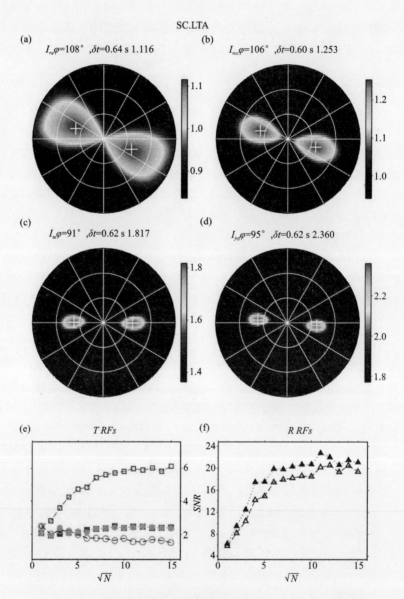

图 4 - 4 接收函数集计算地壳各向异性在台站 SC. LTA 的应用

N 表示接收函数的数量，后同

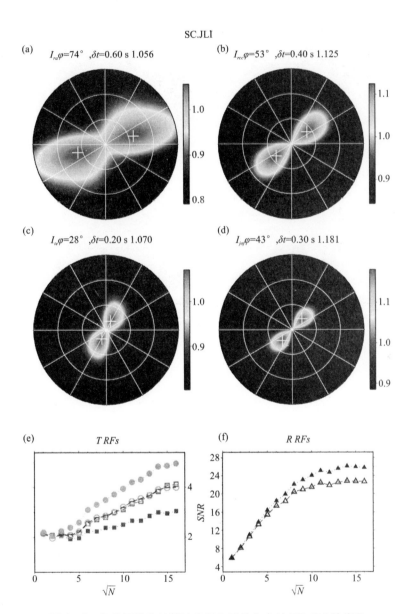

图 4 - 5　接收函数集计算地壳各向异性在台站 SC. JLI 的应用

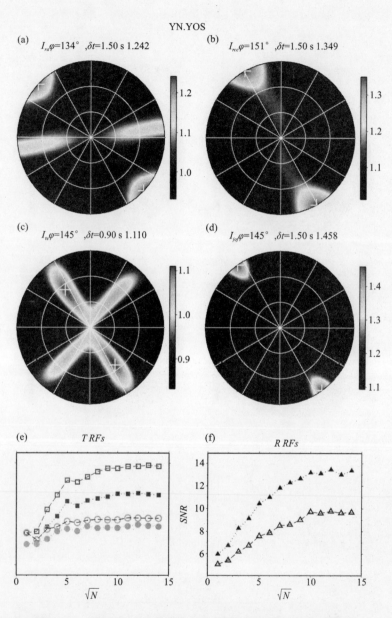

图 4 - 6　接收函数集计算地壳各向异性在台站 YN. YOS 的应用

4.5　谐波分析 Moho 面 Ps 转换波

另一方面, 被测量出的横波分裂参数也不能完全确定一定是来自地壳各向异性所造成的, 可能来自倾斜 Moho 面抑或是其他形式的结果。因为倾斜 Moho 界面、P 波各向异性、S 波倾斜各向异性以及地壳各向异性的介质都可以造成 R 接收函数中 Ps 转换波的到时发生偏移, 同时也会使得 T 分量接收函数有了能量分布。那么如何判断我们所测量的横波分裂是来自地壳方向各向异性形成的呢? 下面针对已经测量出横波分裂参数的台站进一步分析。为了验证所计算到的横波分裂参数是来自地壳内部的各向异性而非倾斜 Moho 面, 本书又采用了谐波分析的方法来进一步研究 Ps 转换波的到时。

首先通过 R 接收函数叠加得到 Moho 面 Ps 转换波震相的平均到时 t_0。然后采用谐波分析应用到 Ps 转换波的到时窗口, 时间窗口的长度为 t_L, 一般 $t_L = 1$ s, 其中心点为 t_0。可以得到每条接收函数中各向异性横波分裂时间随后方位角变化的函数。假定接收函数集快慢波的分裂时间 δt 对应的谐变阶数为 n, 初始相位为 φ, 单个地震事件的横波分裂时间随后方位角变化方程式可表示为:

$$\delta t_i = \frac{\delta t}{2} \cos(n\theta_i + \varphi) \qquad (4-11)$$

接下来将该台站经过谐波变换校正后的 R 接收函数在 Ps 窗口内叠加, 如下式:

$$F_r(t, \varphi, \delta t) = \sum_{i=1}^{N} F_r^i(t - \delta t_i), \ t \in [t_0 - 0.5t_L, \ t_0 + 0.5t_L] \qquad (4-12)$$

式中, i 表示第 i 个接收函数, N 表示单台站下接收函数的总数量。进一步计算校正后接收函数叠加并归一化的最大振幅、最大能量以及单个接收函数与叠加后接收函数在时间窗口 t_L 内总的时间残差归一化后的最小值, 其表达式分别如下所示:

$$A_{n, \max} = \max\{F_r(t, \varphi, \delta t)\} / \max\{F_r(t, 0, 0)\}$$

$$E_{n, \max} = \max\left\{\sum_{t=t_0-0.5t_L}^{t=t_0+0.5t_L} F_r^2(t, \varphi, \delta t)\right\} / \max\left\{\sum_{t=t_0-0.5t_L}^{t=t_0+0.5t_L} F_r^2(t, 0, 0)\right\}$$

$$R_{n, \min} = \min\left\{\frac{1}{N}\sum_{i=1}^{N}\sum_{t=t_0-0.5t_L}^{t=t_0+0.5t_L} [F_r(t, \varphi, \delta t) - F_r^i(t, 0, 0)]^2\right\} / \qquad (4-13)$$

$$\min\left\{\frac{1}{N}\sum_{i=1}^{N}\sum_{t=t_0-0.5t_L}^{t=t_0+0.5t_L} [F_r(t, 0, 0) - F_r^i(t, 0, 0)]^2\right\}$$

式中, $A_{n, \max}$ 和 $E_{n, \max}$ 分别代表接收函数叠加后并归一化的振幅和能量的最大值,

$R_{n, min}$表示叠加后的接收函数与单个接收函数的时间残差总和的最小值的倒数。$A_{n, max}$、$E_{n, max}$、$R_{n, min}$都表示在 Moho 面 Ps 转换波时间窗口内和$(\varphi, \delta t)$范围内的变化。n 从 1 到 8 以步长为 1 变化，φ 从 0° 到 360° 以步长为 1° 变化，δt 从 0.0 s 到 1.5 s 以步长为 0.02 s 变化。

下面以图 4 – 4 中的台站为例子进行谐波分析，结果如图 4 – 7 所示。图 4 – 7(a)的接收函数是依据后方位角方向进行每 10° 叠加的平均值，实线表示所有接收函数中 Moho 面 Ps 转换波相对 P 波的相对平均到时，黑点表示后方位角顺序下每 10° 叠加后，接收函数中 Ps 转换波的相对平均到时。叠加接收函数的最大振幅和最大能量恰好与时间残差总和的最小值在谐变阶数等于 2 时拟合。过去很多人针对不同地壳结构使得 Ps 波到时发生后方位角的变化规律进行了大量的研究[59, 127, 128, 141]，如倾斜 Moho 面、P 波各向异性或倾斜轴的 S 波方向各向异性都会使得 Ps 波到时随后方位角发生谐变阶数 1° 的变化。另外，水平轴的 S 波方向各向异性可以使得 Ps 波到时随后方位角发生谐变阶数 2° 的变化。地壳速度中小尺度的方位变化(上地壳的裂隙等)和 Moho 面起伏等可使 Ps 波到时随后方位角发生更大或更小谐变阶数的变化。根据以上 Ps 转换波的到时随谐变阶数变化的特征，最后将在研究区域内所量测出来的具有横波分裂的台站采用该种谐波分析作进一步判断分析，最终确定我们所测量的横波分裂是否来自于地壳的方位各向异性。

4.6　小结

通过分析单个接收函数和接收函数集，分别研究了地壳各向异性的特征。地震波在各向异性介质中传播规律的复杂性，使得接收函数中 Moho 面的 Ps 转换波的到时发生与各向异性介质中显著不同的特征。接收函数中不但在切向分量上有了能量分布，而且出现了横波分裂现象以及在切向、径向分量中 Ps 转换波的到时随方位角变化等特征。

接收函数中 Moho 面 Ps 转换波的到时随后方位角变化特征与各向异性介质有着密切联系，它是研究各向异性介质的重要依据。通过数据模拟结果表明，接收函数后方位变化特征可归结为以下特点：

1)径向接收函数(R)记录到的 Ps 转换波的到时随地震事件的后方位角 θ 方向上呈现 $\cos(2\theta)$ 变化；

2)切向接收函数(T)记录到的 Ps 转换波是径向分量中 Ps 转换波的导数。它的振幅和极性都会随后方位角 θ 发生 $\sin(2\theta)$ 变化。

依据以上特点，本研究提出了以下四种计算地壳各向异性的方法，分别是：

(1)余弦校正后的径向接收函数的叠加能量最大，它基于理论合成各向异性

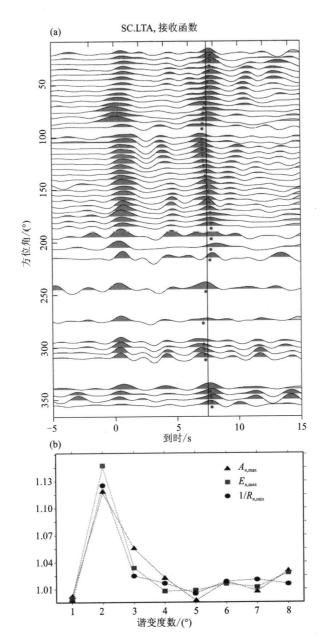

图 4 - 7　（a）台站 SC. LTA 的 R 接收函数随后方位角由大到小排列；（b）谐波分析结果

模型下的径向接收函数中 Moho 面 Ps 转换波波峰的到时呈现出 $\cos(2\theta)$ 的性质。快波方向和时间延迟可以通过 $\cos(2\theta)$ 校正后的 Ps 转换波叠加能量的最大值来求

得;

(2)径向接收函数中 Ps 转换波窗口内的相关性最大,该方法采用的是径向接收函数中单台站下任意两个接收函数在 Ps 转换波窗口内的相关性来估算分裂参数$(\varphi, \delta t)$;

(3)切向接收函数的 Ps 转换波的能量最小,该方法依据各向异性介质下,Moho 面的转换波 Ps 震相是径向极化,所以地壳内切向分量的接收函数只有在不均匀介质里才有能量分布。通过校正切向接收函数中的 Ps 转换波,使得它的能量最小来估算分裂参数$(\varphi, \delta t)$。

(4)联合方法,它集聚了以上三种方法,对每一种方法都取一定的权重值,最后求取集合后的最终结果。

为了验证接收函数集计算各向异性的有限性,还引入了一种信噪比综合测试法。该方法在径向和切向接收函数中采用各向异性校正之后 Ps 转换波叠加信噪比值随叠加数量的平方根的关系来判断。最后为了判断我们所测量的横波分裂是否来自地壳方向各向异性,我们还设计了谐波分析的方法,它反映 Ps 波到时随后方位角发生谐变阶数 2°的变化特征。

总的来说,采用接收函数集计算地壳各向异性,可以综合台站下方的所有地震事件求取台站下方的平均地壳各向异性值,避免了同一个台站下方单个接收函数计算的多个地壳各向异性值。

第 5 章　青藏高原东南缘地壳结构分析

　　青藏高原是印度板块与欧亚板块碰撞的产物，高原下地壳流和上地幔岩石圈变形是研究两大板块碰撞和青藏高原隆起机制的重要部分。产生板块变形的原因有多种，但最为直接的原因是板块运动中物质交换，板块运动的速度和方向在一定程度上决定了各向异性的大小和方向。而青藏高原东南部地区地处欧亚板块与扬子板块之间，曾受过多次构造运动的影响，地质环境复杂，高原四周地球表面具有最大的大陆变形，是地震的多发地段。高原及其周围的海拔变化较大，高原内部的地壳平均厚度为 60～70 km，成为研究大陆动力学的试点区域。自 20 世纪以来，地球物理学、地质学、岩石力学以及地球动力学等方面的科学家一直关注着青藏高原下方的下地壳流和上地幔构造变形问题。同时也进行了大量与之相关的地壳各向异性计算[142]。由于开始时观测技术和科研条件的限制，再加上青藏高原地区宽频带地震台站有限，所以该地区的研究一直没有取得理想的结果。本研究在前人的基础上，采用了接收函数集研究了青藏高原东南部地区的地壳厚度、地壳内 V_p/V_s 比值、地壳各向异性，探讨了青藏高原东南部地区在抬升中所经历的动力学机制。

5.1　研究区域内地震数据来源

　　2003 年起，由中国地震局实施了一项重大地震台网观测项目——中国数字地震观测台网，旨在提高地震监测能力，减轻我国地震灾害，并为广大地球物理科研工作者提供详实的地震观测数据。直到 2007 年，一个由近 1000 个台站构成的新型数字化、实时传输的密集地震观测网络落成。本研究的数据就来源于中国地震台网自 2007 年 7 月至 2010 年 7 月间三分量宽频地震数据。这四年的远震数据遍及全国各地，几乎覆盖了所有后方位角方向，研究区域及台站分布情况如图 5－1、图 5－2 所示。台站所使用的地震仪器主要有两种，一种是 CTS－1 宽频带地震仪，它采用速度平坦型设计，频带宽度为 120 s－20 Hz，采样率为 50 点/s，动态范围是 140 dB；另外一种是 Q330S，它是一款先进的 3 通道宽频带、高分辨率仪器，动态范围为 132～135 dB，采样率可选择 200，100，50，40，20，10，1（点/s），数据采样率是 50 点/s，并且每道可选 1 或 30 进行增益。所采用的地震数据都是来源于 413 个地震事件（如图 5－3）。

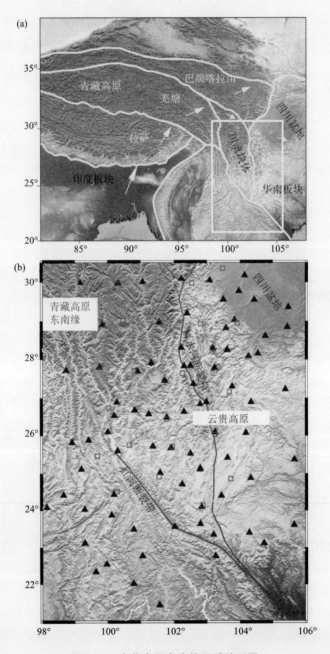

图 5 - 1　青藏高原东南缘区域地形图

（a）白色线条表示大的断裂带，白色框表示研究区域的范围；（b）接收函数研究区域的地震台站分布情况，黑色三角形表示中国地震局布设的地震台站，空心方块表示Lev 等 2006 年 MIT 布设的台站，灰度深浅表示该地区的地形地貌。

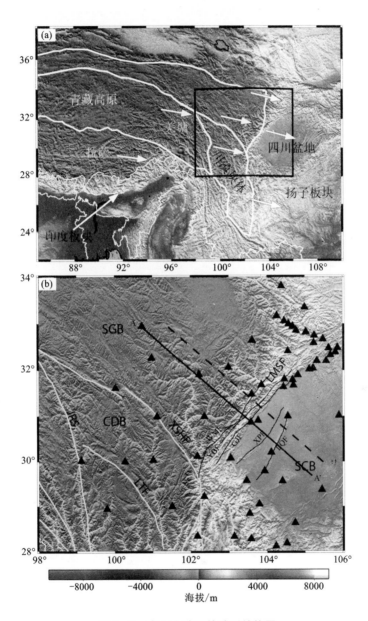

图 5 – 2　龙门山地区的地形结构图

（a）白色线条表示区域构造边界，黑色边框表示研究区域位置，白色带箭头短线表示绝对板块运动的方向；（b）黑色短线表示折射剖面的位置（Chen et al.，2013），白色曲线表示研究区域内的断裂带，分别是 XSHF：鲜水河断裂带；LTF：理塘断裂带；LMSF：龙门山断裂带；JRS：金沙江缝合带。SGB：松潘 – 甘孜块体；CDB：川滇块体；SCB：四川盆地。

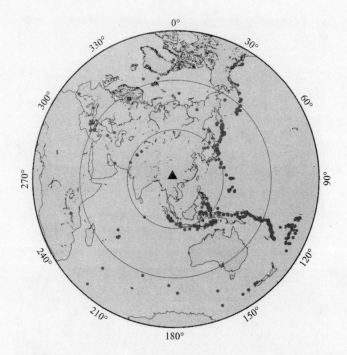

图5-3 地震震中分布示意图,圆点代表地震震中,三角形代表研究区域中心点

在本研究中分别对两个大小不等的区域进行接收函数的研究。其研究区域范围分别为北纬20°~30.5°,东经98°~106°,台站共82个,台站位于青藏高原东南缘,其台站信息参数如表5-1所示;北纬28°~34°,东经98°~106°,共56个台站,位于东南缘北部区域的龙门山地区,其台站信息参数如表5-2所示。对于以上两个地区所选取的地震数据的标准为:震级大于5.5级的远震数据、震中距为30°~90°之间、震相清晰、初动尖锐,对这些地震记录进行接收函数计算。

表5-1 青藏高原东南缘接收函数研究地壳各向异性的台站基本参数

台站	经度	纬度	海拔/m	台站	经度	纬度	海拔/m
CQ. ROC	105.44	29.38	213	YN. JIG	100.74	23.50	1030
GZ. BJT	105.35	27.24	1462	YN. JIH	100.74	22.02	570
GZ. WNT	104.30	26.91	2334	YN. JIP	103.22	22.78	1305
GZ. ZFT	105.63	25.39	1049	YN. JIS	102.76	23.65	1380
SC. BTA	99.12	30.01	2639	YN. KMI	102.74	25.12	1975

续表 5 - 1

台站	经度	纬度	海拔/m	台站	经度	纬度	海拔/m
SC. BYD	103. 19	27. 81	3142	YN. LAC	99. 92	22. 55	1222
SC. EMS	103. 45	29. 58	467	YN. LIC	100. 07	23. 88	1580
SC. GZA	102. 17	30. 12	1410	YN. LIJ	100. 23	26. 90	2480
SC. HLI	102. 25	26. 65	1836	YN. LOP	104. 29	24. 89	1478
SC. HMS	104. 40	29. 57	839	YN. LUQ	102. 45	25. 54	1777
SC. HWS	104. 74	28. 64	860	YN. LUS	98. 85	25. 83	845
SC. JLI	104. 52	28. 18	480	YN. MAL	103. 58	25. 43	2010
SC. JLO	101. 51	29. 00	2915	YN. MAS	98. 59	24. 42	920
SC. JYA	103. 93	29. 79	570	YN. MEL	99. 59	22. 34	934
SC. LBO	103. 57	28. 27	1310	YN. MIL	103. 39	24. 41	1550
SC. LGH	100. 86	27. 71	2669	YN. HLT	102. 75	25. 15	1892
SC. LTA	100. 27	30. 00	3951	YN. HUP	101. 20	26. 59	1286
SC. MBI	103. 53	28. 84	640	YN. GOS	98. 67	27. 74	1470
SC. MDS	103. 04	30. 07	1210	YN. MAL	103. 60	25. 40	2010
SC. MGU	103. 13	28. 33	2056	YN. SIM	101. 01	22. 78	1360
SC. MLI	101. 27	27. 93	2437	YN. TNC	98. 52	25. 03	1650
SC. MNI	102. 17	28. 33	1657	YN. TOH	102. 79	24. 11	1870
SC. PGE	102. 54	27. 38	1427	YN. TUS	100. 25	25. 61	1967
SC. PZH	101. 74	26. 50	1190	YN. WAD	98. 07	24. 09	920
SC. SMI	102. 35	29. 23	860	YN. WES	104. 25	23. 41	1480
SC. SMK	102. 75	26. 85	2385	YN. XHT	98. 48	24. 75	1207
SC. WMP	103. 79	29. 05	1260	YN. XUW	104. 14	26. 09	2073
SC. XCE	99. 79	28. 94	3000	YN. YAJ	104. 23	28. 11	575
SC. XSB	102. 45	27. 86	2800	YN. YIM	102. 20	24. 72	1630
SC. YGD	104. 10	30. 20	800	YN. YOD	99. 25	24. 04	1690
SC. YJI	101. 01	30. 03	2670	YN. YOS	100. 77	26. 69	2200
SC. YYC	102. 26	27. 85	1608	YN. YUJ	101. 98	23. 57	529
SC. YYU	101. 68	27. 47	2596	YN. YUL	99. 37	25. 89	1700

续表 5 - 1

台站	经度	纬度	海拔/m	台站	经度	纬度	海拔/m
YN. BAS	99.15	25.12	1675	YN. YUM	101.86	25.69	1085
YN. CAY	99.26	23.13	1390	YN. YUX	100.14	24.44	1110
YN. CUX	101.54	25.03	1840	YN. ZAT	103.72	27.32	1940
YN. GEJ	103.16	23.36	1840	YN. ZOD	99.70	27.82	3248
YN. DAY	101.32	25.73	1860	YN. HEQ	100.15	26.55	2210
YN. DOC	103.20	26.11	1228	YN. MLA	101.53	21.43	647
YN. EYA	99.95	26.11	2072	YN. MLP	104.70	23.13	1054
YN. FUN	105.62	23.62	684	YN. QIJ	102.94	26.91	1112

表 5 - 2　龙门山地区参与地壳各向异性计算的台站基本参数

台站	经度	纬度	海拔/m	台站	经度	纬度	海拔/m
SFT	104.6	33.0	1030	SHT	104.3	33.2	850
WXT	104.7	33.0	980	DPT	104.8	32.9	904
YLT	105.0	32.8	744	SJB	104.5	33.1	1122
WDT	105.0	33.4	1060	ZHQ	104.4	33.8	1460
BAM	100.7	32.9	3502	AXI	104.4	31.6	587
BTA	99.1	30.0	2639	GZI	100.0	31.6	3360
DFU	101.1	31.0	3035	LTA	100.3	30.0	3951
MEK	102.2	31.9	2765	RTA	101.0	32.3	3317
JLO	101.5	29.0	2915	SPA	103.6	32.7	2905
XJI	102.4	31.0	2427	XCE	99.8	28.9	3000
YJI	101.0	30.0	2670	SMI	102.4	29.2	860
BKT	105.2	32.8	100	HSH	103.0	32.1	2344
MDS	103.1	30.1	1210	GZA	102.1	30.1	1410
MXI	103.9	31.7	1584	WCH	103.6	31.5	1315
PWU	104.6	32.4	882	YZP	103.6	30.9	766
QCH	105.2	32.6	800	ZJG	104.7	31.8	612
EMS	103.5	29.6	467	CD2	103.8	30.9	653

续表 5-2

台站	经度	纬度	海拔/m	台站	经度	纬度	海拔/m
ROC	105.4	29.4	213	HMS	104.4	29.6	839
JLI	104.5	28.2	480	HWS	104.7	28.6	860
WMP	103.8	29.1	1260	JYA	103.9	29.8	570
YGD	104.1	30.2	800	LBO	103.6	28.3	1310
MNI	102.2	28.3	1657	MBI	103.5	28.8	640
JMG	105.6	32.2	801	MGU	103.1	28.3	2056
JJS	104.5	31.0	908	YAJ	104.2	28.1	575
L0201	105.9	32.5	623	XCO	105.9	31.0	336
L0203	104.7	31.7	572	L0204	105.6	32.5	564
L0207	105.3	32.2	773	L0206	104.8	31.9	566
L0209	105.8	32.4	852	L0212	105.1	32.0	653
L0211	105.2	32.0	804	L0216	104.5	31.8	783

5.2　青藏高原东南缘地壳厚度、V_p/V_s 比值及地壳各向异性分析

　　青藏高原东南部地区地质构造复杂,从图 5-1(b)地形地貌中可以看出,该地区地形变化较大,高原周围被地球表面最大弥散大陆变形带所包围。研究区域的海拔变化较大,从高原边缘海拔 5000 m 到其东南部区域四川盆地仅只有几十米。在该研究过程中,地壳厚度是各向异性校正之后的结果。这是由于在各向异性介质里,地震横波既有快波也有慢波,在进行 $H-k$ 叠加处理时造成能量分布不集中,这时候计算出的 Moho 面深度和 V_p/V_s 比值是快慢波的平均值,如果将快波和慢波分别叠加其结果相差较大(图 5-4)。所以在 $H-k$ 叠加时先对地壳各向异性校正,最终从 82 个台站中得到了 78 个台站下方的地壳厚度(D)和 74 个地壳内 V_p/V_s 比值。其结果如附表 1 所示,该附表的台站按研究区域地形进行分类、依次排列,主要有四川盆地(SB),青藏高原(TP),云贵高原(YG),云南西部洼地(WB),包括腾冲板块、昌宁—孟连、兰坪—思茅块体以及哀牢山等地,还有南中国部分地区(SF)。

　　地壳厚度(D)是采用 $H-k$ 计算出的 Moho 面深度(H)减去每个台站下的海拔值,然后采用插值方法将研究区域以 0.2° × 0.2° 划分成网格计算各个网格上地壳

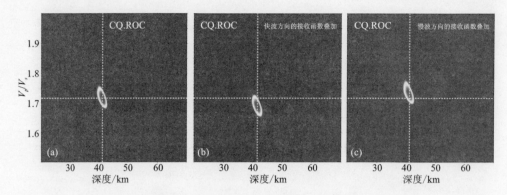

图 5 – 4 台站 **CQ. ROC** 的 $H - k$ 叠加结果, 从左向右依次为各向异性校正之后的叠加结果;
各向异性校正前只采用快波叠加的结果; 各向异性校正前只采用慢波叠加的结果

厚度和 V_p/V_s 比值并绘制成图[图 5 – 5(b), (c)]。插值方式基于 78 个台站的地壳厚度值和 74 个台站的 V_p/V_s 值, 采用最平滑的反演方法对地壳厚度和 V_p/V_s 数据进行拟合[94]。在经度和纬度上分别有 41 和 48 个网格点数, 研究区域内共有 1968 个待求的 D 和 k 参数。由于研究区的东南角和西南角处没有台站, 所以研究的地壳厚度和 V_p/V_s 结果不能反映这两个地方的真实情况。

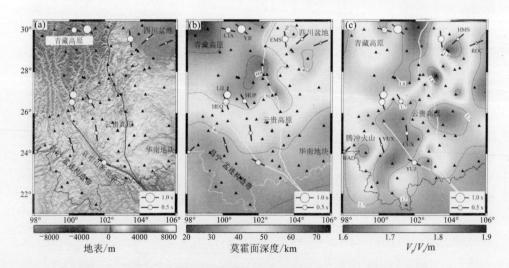

图 5 – 5 带有各向异性结果的研究区域地貌图(a), 地壳厚度形态图(b)
地壳内部 V_p/V_s 形态图(c)

除了计算中国台网的数据之外, 还计算了来自于 PASSCAL 的 9 个地震台站数据，其中八个台站（MC04，MC07，MC13，MC10，MC12，MC18，MC21 和 MC25）是由 MIT/CIGMR 布设，另外一个台站（ES28）来自于 Lehigh 大学在 2003—2004 年的数据。Xu 等在 2007 年基于 MIT/CIGMR 在本研究区域内所安装的 22 个地震台站的 2 年期临时数据采用接收函数方法计算了该地区地壳厚度和地壳的平均 V_p/V_s 值，其结果与本研究的计算结果基本一致[143]。同时该研究所计算的的地壳厚度也与 Yao 等在 2008 年和 2010 年的结果十分吻合。接下来本书针对所计算的地壳厚度、地壳内 V_p/V_s 比值以及地壳内的各向异性分别分析。

5.2.1　地壳厚度

在青藏高原东南部四川盆地的西部边缘地区共有 13 个地震台站，其中包括 3 个 PASSCAL 台站，平均海拔 2500 km，地壳厚度从 48.8 km 到 71.1 km 不等，平均厚度为 61 km，相对于周围地区地壳厚度要厚得多。整个研究区域内最薄的地壳在西南部的昌宁—孟连褶皱地区，只有 32 km。本书所计算出的地壳厚度与平均大陆地壳厚度 35 km 最接近的地震台站位于华南块体边缘的褶皱带区域，从 35.1 km 到 38.3 km[附表 1 及图 5-5(b)]，如台站 YN. WAD、YN. LAC、YN. SIM 等（附表 1）。继续往北推移，在云贵高原地区，平均海拔约 1.7 km，地壳厚度变化从云贵高原的南部约 41 km 到北部边缘约 50 km[附表 1 及图 5-5(b)]。四川盆地最薄的地壳在南部边缘处，接近 40 km。在盆地内从南到北地壳厚度逐渐增加，直到北部边缘处达到了 50 km[附表 1 及图 5-5(b)]，并且四川盆地内的地震台站所接收到的地震波接收函数都展示出明显的 Moho 面 Ps 转换波震相、以及在直达 P 波和 Moho 面 Ps 转换波之间的多次转换波震相（如图 5-6）。直达 P 波与 Moho 面 Ps 转换波之间的多次转换震相可能是由于四川盆地内厚的沉积层与基岩之间的地震波速度不均匀所形成的。Watson 等（1987）提出了四川盆地是一个塑性盆地，青藏高原东南部地区的物质顺着四川盆地西北部边缘俯冲，其中部分物质在四川盆地的阻挡下产生沉积作用[144]。沉积层的厚度和地壳厚度都是自盆地东南向西北地区增厚，这与四川盆地的成因一致。

我们知道四川盆地位于特提斯构造域与滨太平洋构造域之间，其形成与演化受这两大构造域控制。研究表明，四川盆地的形成与演化曾经历了中—晚元古代扬子地台基底形成阶段；震旦纪—中三叠世被动大陆边缘阶段；晚三叠世盆山转换与前陆盆地形成演化阶段；侏罗纪—第四纪前陆盆地沉积构造演化阶段。在印支期，秦岭、松潘—甘孜洋盆于中三叠世晚期—侏罗纪初期封闭，班公湖—怒江洋开始扩张。位于上述地区东、南侧的四川盆地受古特提斯洋关闭及其洋壳与扬子板块之间的俯冲碰撞的影响，来自板块之间的俯冲碰撞作用产生的挤压应力导致扬子板块后缘岩石圈发生挠曲，形成弧后边缘海盆内侧的隆起和川西坳陷，同时引起扬子西缘由被动大陆边缘转化为活动大陆边缘隆坳相间的构造格局，使扬

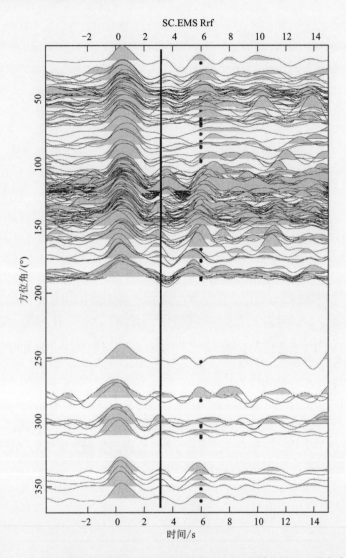

图 5-6 四川盆地内的台站 SC. EMS 下的 Moho 面转换波 Ps(黑色点)
和沉积层的多次转换波(黑色实线)

子板块西缘迅速由海相碳酸盐岩沉积转化为前陆盆地陆相沉积,同时在扬子地台
被动大陆边缘隆起带形成早期的推覆构造。中三叠统雷口坡组顶部的古岩溶风化
剥蚀面既是沉积层序的一个造山隆升不整合界面,又是盆—山转换的构造面。该
界面标志着扬子板块西缘开始进入前陆盆地沉积构造演化历史阶段。此时。太平
洋古陆开始裂解和中国东南部印支褶皱形成,成为上扬子陆相含煤盆地的边缘,
并为盆地提供大量陆源碎屑沉积。总的来说,在研究区域内所计算到的陆地地壳

厚度由东南地区向西北地区逐渐增厚[图 5-5(b)]。

而在青藏高原东南缘的松潘—甘孜块体的东南缘及川西高原地区下方地壳最厚，平均厚度约为 61 km，而地壳厚度由青藏高原的东南缘向南和东南方向逐渐减薄，这与青藏高原内部的隆升以及地壳增厚有着直接的关系。

5.2.2　V_p/V_s 比值

该研究区域的地壳内 V_p/V_s 比值在青藏高原地区和其周围地区，尤其是云贵高原相差较大。从青藏高原东南部平均海拔约 2500 m 的 13 个台站中，得到 V_p/V_s 平均比值为 1.79，这个比值远远大于来自于云贵高原地区 V_p/V_s 平均比值(1.69) [附表 1 及图 5-5(c)]。而四川盆地的 V_p/V_s 比值变化较大，初步将其原因归结为该地区具有较厚的沉积层。沉积层具有较大的 V_p/V_s 比值，不同厚度的沉积层和地壳火成岩基岩之间 V_p/V_s 加权值发生较大改变，进而使得盆地内台站下方的地壳平均 V_p/V_s 比值变化较大。例如盆地西部区域具有较高的沉积层覆盖，V_p/V_s 比值就远大于盆地的东部地区。根据 Pan 和 Niu(2011)在青藏高原东北地区的研究发现，研究区域也表现出较低的地壳 V_p/V_s 比值(1.69)，与本文研究区域云贵高原地区的 V_p/V_s 比值较为相近[145]。因此对比周围地区，青藏高原东南部地区的地壳 V_p/V_s 比值具有较明显的差异，初步认为该差异来自于不同地块构造。

从实验室研究中发现通过提取地震波中的纵横波速比值来研究材料的组成成分，这与分别通过研究材料的 V_p 和 V_s 值具有较大不同。因为材料的组成成分与 V_p/V_s 比值的敏感性要远大于与单独的 V_p 和 V_s 值的敏感性[146]。大量的石英(V_p/V_s=1.49)和斜长石(V_p/V_s=1.87)对地壳中的基岩如火成岩以及火成岩的变质等价物中的 V_p/V_s 比值具有较大影响。随着斜长石含量的增加或者石英的减少，都可以使得地壳中岩石的 V_p/V_s 比值变大。也就是说岩石含量不同，V_p/V_s 比值就会发生较大变化。例如 V_p/V_s 比值从 1.71 的花岗岩增加到 1.78 的闪长岩再到 1.87 的辉长岩[147]，说明地壳中不同矿物的密度可造成 V_p/V_s 比值有较大变化。铁镁质或超高铁镁质的火成岩一般具有较高的 V_p/V_s 比值，这是由于该岩石中含有大量的辉石、斜长石和纯橄榄石。

另一方面，长石中包括大量的硅质，因此具有相对较低的 V_p/V_s 比值。Christensen(1996)也发现了当温度远远低于固相线时，V_p/V_s 似乎对温度不具有敏感性[146]。但是当温度接近于固相线或者其接近部分熔融状态时，V_p/V_s 对熔融程度具有较大的敏感性。Watanabe(1993)也发现 V_p/V_s 随着物质熔融程度的增加而增大，当熔融量达到总体积的 10% 时，V_p/V_s 比值可以达到 2[148]。因此，青藏高原东南部地区及其周围 V_p/V_s 值相差较大的原因可以归结为该地区矿物组成成分或熔融度的问题。如青藏高原东南边缘地壳对比其周围地壳尤其是云贵高原的

地壳具有较高的 V_p/V_s 比值。这主要是由于该地区有较多铁镁质物质和部分熔融状态的岩石分布。

5.2.3　地壳各向异性

如以上所讨论，由于接收函数中 Moho 面 Ps 转换波信噪比较低，所以通过单个接收函数的剪切波分裂来计算地壳各向异性具有一定的挑战。本次研究过程中，我们选用了接收函数集来求解地壳各向异性的参数。在计算地壳各向异性中采用了径向和切向接收函数集估算横波分裂参数，根据谐波分析和叠加信噪比分析来验证横波分裂参数是否来自于地壳方位各向异性。在整个研究区域内 82 个台站中最终确定 12 个台站中的横波分裂是来自方位各向异性[图 5-5(a)]，其结果信息见附表 1 中（加粗的斜体字）。在这里要说明一下，对于各向异性较弱或者各向同性的介质，Moho 面 Ps 转换波的叠加能量的最大值以及叠加后幅值的最大值都不能表现出谐变阶数 2 度的变化。所以在选取地壳方向各向异性时，我们仅选择了谐变阶数 2 度变化的接收函数来确定地壳各向异性。另外研究区域内有 13 个台站的横波分裂时间小于 0.2 s，这表明该台站下方的地壳是弱各向异性或者各向同性介质。这 13 个台站主要分布为四川盆地 2 个，云贵高原 5 个，云南西部褶皱带 4 个以及华南块体区域 2 个。

12 个台站下方具有明显的各向异性，其横波分裂时间从 0.24 s 到 0.9 s 不等，平均分裂时间为 0.53 s。横波分裂时间随 Ps 转换波相对直达 P 波的到时差的关系如图 5-7 所示。Moho 面 Ps 转换波相对直达 P 波的走时差 δt_{Ps-p} 可以粗略地表示为 S 波在地壳内的传播时间减去直达 P 波在地壳内部的传播时间。Ps 转换波内的横波在地壳内走时约等于 2.2 倍的 δt_{Ps-p}。图 5-7 表示两种不同各向异性模型下横波分裂时间与 S-P 时差之间的关系。虚线表示当各向异性存在于整个地壳时，分裂时间占整个各向异性地壳中 Ps 走时的 5%。实线表示当各向异性仅存在于下地壳时，分裂时间占下地壳中 Ps 走时的 6%。下地壳定义为从地面 15 km 到 Moho 面，横波分裂时间约 0.0165 s/km。

铁镁质岩石和斜长石是地壳内具有较强各向异性的两种岩石。Tatham 等（2008）发现斜长石在强剪切力作用下进行优势定向排列产生地震波各向异性高达 13%[149]。因此我们所得到 6% 的下地壳各向异性可能来源于斜长石的定向排列（LPO），这与下地壳流模型相符。另一方面，如果是地壳运动存在于整个地壳内部，那么各向异性的形成除了具有斜长石的定向排列还有上地壳微小裂隙作用。Lloyd 等（2009）通过研究铁镁质岩石的形成过程时，估算出来自 S-C 物质的地震各向异性在 5.8% ~7.5% 之间时，S-C 构造就会慢慢发生物质变化[150]。他们还发现了多种复合岩石片理可以导致几何各向异性发生巨大变化。如果是这种情况的话，铁镁质物质是很难造成 6% 的方位各向异性的，所以本研究更倾向于

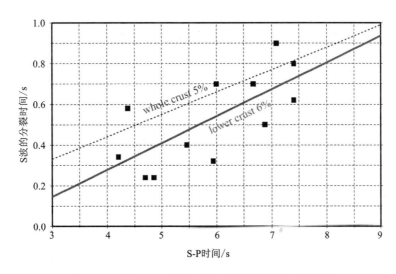

图 5 – 7　以 S – P 时间差为参数的横波分裂时间函数

黑色的点表示实际计算中横波的分裂时间。实线表示各向异性仅存在下地壳时的模型，横波分裂时间与
S – P 时间差的关系（地面 15 km 到 Moho 面之间）。虚线表示各向异性存在于整个地壳中时的模型，横波
分裂时间与 S – P 时间差的关系

各向异性存在下地壳的模型。

　　横波分裂时间相对较大的 12 个台站中各向异性的平均分裂时间为 0.53 s，
这与通过 MIT/CIGMR 组（Lev et al.，2006）采用 SKS/SKKS 数据计算的平均分裂
时间为 0.58 s 十分相近[60]。在青藏高原地区和东部边缘的台站分裂时间平均为
0.7 s（图 5 – 5），对比通过 SKS/SKKS 所计算的平均分裂时间为 1 s 相接近，并且
最大偏角不超过 30°。同时也与在青藏高原东南部地区地壳内通过面波数据（Yao
et al.，2010）所计算出的横波分裂时间约为 1 s 的方位各向异性一致[67]。通过
SKS 方法的横波分裂结果和本研究中地壳各向异性结果在平面距离相近的台站从
快波方向和分裂时间上进行一一对比（附表 1），发现在青藏高原东南边缘有 6 个
台站的快波方向与 SKS/SKKS 计算的快波方向一致。这说明地壳各向异性分裂时
间是经历过地核反射震相 SKS/SKKS 的横波分裂时间的主要贡献。Lev 等（2006）
通过 SKS/SKKS 计算还发现，在北纬约 26°时横波分裂的快波方向发生了重大变
化，由西北—东南方向向东—西方向扭转[60]。然而本研究在该区域内也有 4 个
台站处于南部边缘地区，地壳的横波分裂时间平均约为 0.39 s，最大分裂时间约
为 0.58 s 的 YN. YUJ 台站，它位于红河断裂带上（图 5 – 5）。同时，我们了解到红
河断裂带被广泛认为是右旋走滑断层，并且平均每年具有约 7 mm 的滑动[151]。
所以在该地区的较大横波分裂时间有可能来自断裂带附近所积累的简单剪切力。

在本书研究区域内不管是横波分裂时间还是横波分裂的快波方向都与 SKS/SKKS 的结果十分一致。另外 SKS/SKKS 在北纬 26°时快波方向为东西方向的分裂时间在 0.28~0.75 s[60]，这与本研究中地壳各向异性的分裂时间相差较大，并且在这些台站下方的快波方向并没有发生西北—东南方向向东—西方向扭转，这说明在北纬 26°附近地壳和上地幔的构造变形并不一致，或者说他们的构造是解耦的。

如果将接收函数集所计算的地壳各向异性的横波分裂时间认为是 SKS 结果的一部分的话，并且他们的快波方向又一致，用 SKS 的横波分裂时间减去接收函数集的横波分裂时间，我们发现在青藏高原东南部的上地幔部分的横波分裂时间非常小，即上地幔区域的地震波各向异性很小，这说明上地幔形变较弱或地壳和上地幔存在垂直对流的解耦构造。这种垂直对流可能是该地区的地表被提升的另一种动力学机制。这一结果与 Yao 等(2010)采用面波计算的上地幔(为 150~250 km)方位各向异性的快波方向不同，Yao 指出在青藏高原东南缘地区的地壳和上地幔的快波方向并不一致[67]。原则上，当地震事件能够较好地覆盖研究区域内的整个后方位角时，SKS 横波分裂数据可以很好地解释上地幔的各向异性。但事实上，在该地区采用 1~2 年的流动地震台站很难实现地震事件覆盖到研究区域的整个后方位角。MIT/CIGMR 所布设的流动地震台网，数据周期为 2 年，所以在一定程度上，不能够采用 SKS 横波分裂方法来判断所测量的各向异性在垂向方向上的分布，即 SKS 横波分裂方法不具有垂向分辨率。但是本研究不仅采用 CEA (中国地震台网)的流动台站也引入了固定的观测台站，地震数据覆盖到整个研究区域内后方位角。结合 SKS 横波分裂参数以及本研究的结果，我们认为在青藏高原东南缘存在地壳与上地幔的构造解耦，并且上下构造方式也有所不同。这一解释与 Yao 等(2010)对地壳和上地幔在青藏高原东南缘的构造解耦的解释一致。

总的来说，通过接收函数集研究地壳各向异性、地壳厚度以及地壳内 V_p/V_s 平均比值，得到有关青藏高原东南部区域地壳构造具有以下几个特点：①地壳较厚并且对应的 V_p/V_s 比值较大；②地壳中具有较强的方位各向异性，并且快波方向基本上与水平最大拉应力方向一致。这些地震观测信息为青藏高原东南部地区构造提供了一个较强约束力。事实上，强地壳各向异性和较大 V_p/V_s 比值也为青藏高原地区下地壳流模型提供了直接的地球物理依据(图 5-8)。

根据研究区域内 V_p/V_s 比值，本书讨论了青藏高原东南边缘地壳相对于云贵高原地壳中具有较多铁镁质物质。现在的问题是这种铁镁质物质是否形成于地壳形成的最初阶段，还是在该地区地壳被抬升之后由于地壳增厚再一次发育而形成的。尽管不可能采用地震数据来给出这个问题的答案，但是书中的一些证据间接表明这些具有较高 V_p/V_s 比值的铁镁质物质可能是在地壳增厚过程中进一步发育而形成的。主要证据有：一方面，就如上面所提及到的，从研究区域向北青藏高原东北缘 V_p/V_s 比值较低(1.69)，表明原始地壳中存在长英质矿物。如果是这种

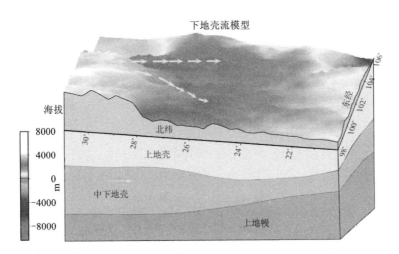

图 5 - 8　展示下地壳流在该地区地壳结构和构造方式的三维地壳模型

带箭头粗线表示在地面处下地壳流有两条通道的方向，带箭头细线表示下地壳中的地壳流的流动方向

情况，地壳增厚就不可能是由于整个地壳缩短造成的。在地壳运动变化过程中，若还能一直保持着原始地壳中长英质矿物的话，就不可能解释青藏高原边缘地区较高 V_p/V_s 比值。另一方面，下地壳流模型很容易解释青藏高原东南边缘地壳 V_p/V_s 值的升高。首先根据 Clark 和 Royden（2000）所提出的下地壳流模型，下地壳流中物质来源于青藏高原的中心，随着印度板块的挤压以及青藏高原及其周围海拔提升所提供的重力作用，下地壳流物质从青藏高原中部向东北、西北、东南方向蠕动[30]。再者 Hacker 等，（2000）通过研究青藏高原地区深部地壳的捕虏岩，发现这些捕虏岩包含着一些铁镁质岩石和陆源碎屑沉积岩，这些物质一般来源于地下深度为 30 ~ 50 km 处[152]。并且这些捕虏岩泊松比约为 0.27，对应的 V_p/V_s 比值约为 1.78。将这些铁镁质岩石与原始地壳中的长英质岩石组合在一起就会产生 V_p/V_s 比值约为 1.79 的结果。

　　由于接收函数集计算地壳各向异性所采用的横波是 Moho 面的转换波 Ps 在地壳中传播产生的，它是地壳各向异性在整个地壳传播路径上的累积。地壳各向异性的快波方向几乎是平行于最大水平主应力方向的，所以推断这种各向异性不是由于上地壳中（深度约小于 15 km）微小裂隙排列所造成的，而是更倾向于下地壳（深度约大于 15 km）长英矿物变质发育所造成的。能够产生这么大的地震各向异性，下地壳内部必须具有中等或中等以上以至于很强的剪切力，并且这种剪切带与下地壳流模型保持一致。中下地壳内是否存在低黏性软弱层似乎是检验"下地壳流模型"的关键。Bai 等（2010）在青藏高原东部布设了几条大地电磁测线来观测地下电导率的情况，其电导率剖面结果显示在深部 20 ~ 40 km 处存在低阻抗层，他们推断低阻抗是由高流体含量引起的[38]。不同构造背景下的热活动强弱不同，下地壳低阻层发育程度也有所差异。中、新生代大陆伸展构造区由于地幔岩浆的入侵作用和热活动十分强烈，并伴有火山岩浆活动，有利于下地壳低阻层发育。高流体含量也会导致地震波速度和黏度的下降。这一研究结果与"下地壳流模型"提倡的下地壳内由低黏性物质组成的管道流相吻合，同时也与本研究的中下地壳各向异性的性质相吻合。

结合地球动力学家所提出的各种动力学模型，对比了 SKS、面波数据计算地壳和上地幔各向异性的结果以及地球物理学家的最新发现，我们得出地壳内存在很强的地震波各向异性，这与青藏高原隆升的地壳流模型一致；地壳各向异性可能是 SKS 横波分裂的主要贡献者，去除地壳各向异性，SKS 横波分裂时间有很大消减，这说明研究区域的上地幔变形较弱，可能存在地壳和上地幔的垂直对流，也可能是地壳和上地幔解耦变形。

最新的地球物理研究发现[6]，青藏高原的东南缘地壳流仅限于有限区域，并且地壳流是不规则的，沿着流向其厚度及强弱也有变化。特别是当地壳流在流动过程中遇到古老克拉通四川盆地的阻挡，地壳流发生了扭转和分层。地壳流从青藏高原中部羌塘地块流出，主要的一部分沿着大的断裂带鲜水河向东南方向流动。而这一支又分为东西两支，东侧一支沿安宁河断裂带—小江断裂带向南流动；西侧一支沿三江断裂带向南流动。一部分地壳流沿着龙门山断裂带向北流走。还有一部分地壳流向上下分流，向下地壳以及上地幔分流的地壳流，使地壳加厚、莫霍面下沉；向上分流的地壳流入侵到上地壳甚至于地球表面引起地面隆升，形成陡峭的高峰。对于地壳流向东南南方向的扭转，从以上我们研究区域的地壳各向异性、横波分裂的快波方向、地壳厚度以及地壳内 V_p/V_s 比值，很清楚地得到验证（图 5-8）。对于北东方向的地壳流顺着龙门山向北流动，以及在龙门山地区是否存在地壳流的下流还是上涌还有待进一步的验证。接下来我们针对龙门山及其附近区域的地壳精细结构做进一步研究分析。

5.3 龙门山地区地壳厚度、V_p/V_s 比值及地壳各向异性分析

印度板块与欧亚板块自 50 Ma 年前碰撞以来，随着印度板块的继续向东北方向挤压，作为青藏高原的东南缘位置的龙门山地区显示出陡峭的地面起伏和地壳增厚。GPS 数据显示在上地壳并没有明显的地壳缩短现象[153]。对于这种构造形成的动力学机制以及地壳流在该地区发生了向下流动造成地壳增厚、向上流动使得山脉隆升等问题仍是研究青藏高原东南缘地面隆起的机制的一部分。我们采用接收函数集的方法，从该研究区域 58 个台站中测量到 21 个台站下方具有明显的地壳各向异性（图 5-9），分裂时间分布于 0.22~0.94 s，平均分裂时间约为

0.57 s。地壳各向异性的快波偏振方向与 P 波测量的地壳各向异性在龙门山断裂带处的快波方向一致[154]。同时我们观测的快波偏振方向也与 Ps 转换波测量的地壳各向异性的快波方向一致[126]，只是 Ps 转换波测量的分裂时间远小于我们的观测结果，这可能与单个 Ps 转换波测量地壳各向异性有关系。采用 $H-k$ 叠加方法，我们还获得了 51 个台站下方的地壳厚度和 43 个台站下方的 V_p/V_s 比值的信息[图 5-10(a)，(b)]。地壳厚度从四川盆地处的 38.6 km 向松潘—甘孜的东南部区域增厚到 67.3 km。最大的 V_p/V_s 比值(1.74~1.86)主要分布在龙门山及其附近区域，该比值逐渐向四川盆地递减直到四川盆地的西北部区域的 1.70。本研究观测到的地壳厚度与 V_p/V_s 比值与前人的结果基本一致[143, 155]，只是在研究区域的西北角和西南角由于缺乏地震台站的信息，所以在该两处的插值结果并没有参与解释。

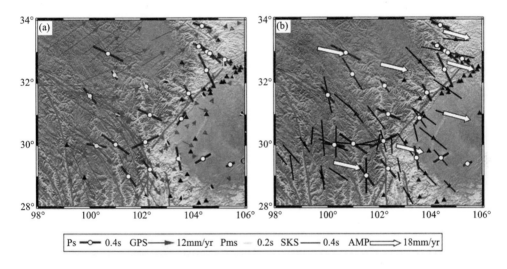

图 5-9　地壳各向异性结果

带白圈的黑色短线表示本文计算的地壳各向异性；浅灰色短线表示采用莫霍面 Ps 单个转换波计算的地壳各向异性[121]；带箭头的表示 GPS 结果，箭头方向指板块挤压方向；黑色短线表示 SKS 横波分裂结果；白色宽箭头表示板块绝对运动方向。黑色三角形表示研究区域内的地震台站；灰色线条表示研究区域内的断裂带

5.3.1　地壳厚度与 V_p/V_s 比值

从图 5-10 中可以看出，地壳厚度自四川盆地的东部向松潘—甘孜地区逐渐增厚，在龙门山地区达到 50 km，向西继续增厚，在松潘—甘孜的东南部区域达到约 60 km。V_p/V_s 比值在龙门山及松潘—甘孜的东南区域达到 1.74~1.86，而

在四川盆地只有 1.70。一般情况下，地壳中 V_p/V_s 比值反映的是地壳内岩石成分，它代表的是地壳内的岩石的含量[146]。岩石成分研究（Christensen et al.，1996；Owens and Zandt，1997）发现，V_p/V_s 比值随斜长石含量或岩石石英含量降低而增加[146, 156]。V_p/V_s（ >1.87）比值可能由地壳内物质熔融造成的；下地壳的物质流动也会降低地壳内横波的平均速度，提高 V_p/V_s 比值[157]。

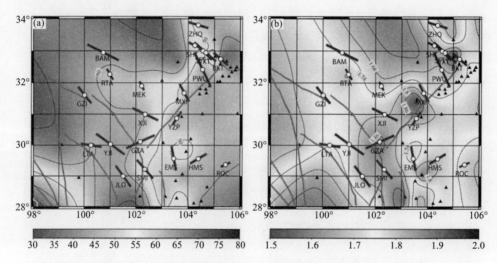

图 5 - 10　（a）地壳厚度分布图；（b）地壳内纵横波速比分布图
黑色带空心圈的短线表示本文计算的地壳各向异性结果

　　地壳内 V_p/V_s 比值是决定地壳内部物质成分的一个重要参数，地壳矿物成分以及存在裂隙、流体和部分熔融物都可以引起地壳内 V_p/V_s 的显著变化，它与地壳内物质泊松比的关系在公式 2 - 16 已经给出。徐强等在 2009 年采用接收函数研究了青藏高原东南缘地区的地壳结构，他指出羌塘地块的泊松比变化范围为 0.2 ~ 0.3，但主要集中的范围在 0.25 ~ 0.28，相当于 V_p/V_s 比值为 1.73 ~ 1.80，整体略低于 Xu 等（2007）的研究结果[143]。楼海等利用 P 波接收函数也研究了龙门山地区以及邻近区域 20 个宽频带地震台站的远震记录，获得的松潘—甘孜地块的 V_p/V_s 平均比值为 1.73[158]。王椿镛等在青藏高原东部沿北纬 30°剖面布设了 26 个台站，远震 P 波接收函数的结果显示拉萨地块、羌塘地块、巴颜克拉地块以及扬子地块的地壳物质平均泊松比为 0.247、0.275、0.294、0.265（Wang et al.，2008）。Zhang 等（2009）也发现在龙门山及松潘—甘孜地区的具有相对全球平均较高的 V_p/V_s 比值[155]。

　　大陆地壳的岩石成分可以划分为酸性、中性、基性以及富含流体的空隙、破裂或者部分熔融体，其对应的 V_p/V_s 分别是 $V_p/V_s < 1.76$、$1.76 \leqslant V_p/V_s < 1.80$、

$1.80 \leqslant V_\mathrm{p}/V_\mathrm{s} < 1.87^{[159]}$。由此分析可得研究区域内的高 $V_\mathrm{p}/V_\mathrm{s}$ 比值可能是中基性岩石，推测可能与该地区地壳内含有铁镁质物质成分有关，或者是存在下地壳的物质流。岩石分析显示在印度—欧亚板块碰撞后，西藏东部广泛分布着下地壳流或岩石圈地幔中镁铁质—酸性火山岩[104, 113, 160]。

从图 5-10(b)可看出，在四川盆地内 $V_\mathrm{p}/V_\mathrm{s}$ 比值变化较大，从 1.68 到 1.80 不等。根据前人的地壳内部资料分析，初步认为这是由于四川盆地内的沉积层的厚度造成的。$V_\mathrm{p}/V_\mathrm{s}$ 比值是整个地壳包括地壳上面的覆盖层的岩石物性的综合反映，沉积层通常情况下具有较大的 $V_\mathrm{p}/V_\mathrm{s}$ 比值，沉积层所占地壳比值越大，地壳内的 $V_\mathrm{p}/V_\mathrm{s}$ 综合比值就会越大。另外，四川盆地内部台站 MXI 在 Ps 转换波和直达 P 波之间离地面几公里到十几公里的位置也显示出了强的界面反射波，在 5.2.2 节中已经提到，这是四川盆地内的沉积层界面的反射波(图 5-11)。这也进一步验证了四川盆地内部存在厚的沉积层。

5.3.2　Moho 面 Ps 转换波分裂的来源

由于 Moho 界面的 Ps 转换波是从 Moho 界面到地球表面传播的波，它的分裂时间仅归结于地壳内部物质各向异性的平均结果。前人的研究发现横波在地壳内的分裂时间主要是来自于上地壳微小裂隙，并且分裂时间一般小于 0.2 s。然而我们采用 Moho 面上的 Ps 转换波观测到的地壳各向异性的平均分裂时间约为 0.57 s，这说明在龙门山地区的显著的地壳各向异性可能来源于中下地壳。前期我们采用同样的方法研究了青藏高原东南缘区域，指出了地壳分裂时间占下地壳中 Ps 走时的 6%，横波分裂单位时间约 0.0165 s/km。假设龙门山地区上地壳为 15～20 km，中下地壳的厚度就等于地壳厚度(约 50 km)减去上地壳的厚度。根据下地壳横波分裂单位时间约 0.0165 s/km，我们可以得出在该地区下地壳内的横波平均分裂的时间约为 0.58 s，这与观测的平均分裂时间(约 0.57 s)相近。因此，在龙门山地区采用 Ps 转换波计算的地壳内地震波各向异性可归结为中下地壳。

地质资料(Xu et al., 2008；Wang and Meng, 2009)显示顺着龙门山地区的西部和北部地区存在一个强剪切构造带[143, 161]。岩石组成模型(Tatham et al., 2008)表明云母和角闪石作为造成物质各向异性的地壳岩石[149]，在强剪切变形构造下可形成晶格的优势排列，从而形成强的地壳各向异性[53, 44]。这暗示了强烈的地壳各向异性可能是在中下地壳内的变形构造作用下，由中下地壳的云母和角闪石的晶格优势排列形成的。

分别位于龙门山断裂带和鲜水河断裂带、小江断裂带、龙门山断裂带之间的地震台站 YZP, GAZ，它们都反映出有明显的横波分裂时间。台站 YZP 的快波方向平行于龙门山断裂带，而台站 GZA 的快波方向垂直于鲜水河断裂带和小江断裂带，但基本平行于龙门山断裂带。并且，这两个台站的快波方向与其临区台站下方的快波方向并不一致。地球物理研究（Tapponnier et al. , 2001；Shi et al. , 2013）显示该地区分布着拉张变形和复杂的走滑应力[162-163]。区域变形主要包括鲜水河断裂带的 10~11 mm/a 左旋走滑、小江断裂带的 7 mm/a 左旋走滑和龙门山断裂带的 4~6 mm/a 右旋走滑[36]。因此，在该三个断裂带之间区域的地壳各向异性可能来自复杂的拉张变形和剪切活动的共同作用。

5.3.3 地壳各向异性与 GPS、SKS 分裂、APM 的对比

前人已经采用 GPS 速度场、SKS 横波分裂和绝对板块运动（APM）等几种地球物理方法针对青藏高原东部及其附近区域的地壳和上地幔的变形进行了研究[37, 65, 126, 104, 153, 164]。我们知道 GPS 速度场、莫霍面上的 Ps 转换波分裂、SKS 分裂和 APM 分别是地球表面、地壳结构、上地幔结构和软流层结构变形的指示剂[165]。所以为了研究龙门山地区的动力学机制的综合问题，我们对比了通过接收函数集计算 Moho 面 Ps 转换波的地壳各向异性和前人研究的莫霍面 Ps 单个转换波计算地壳各向异性、SKS 分裂、GPS 速度场以及 APM（图 5-9）。

从图 5-9(a)对比结果上来看，地壳各向异性的快波方向在龙门山地区主要呈现西北—东南方向。GPS 观测结果显示在青藏高原东部区域，向东北方向的位移速率为 15~20 mm/a，而在龙门山附近，东北向挤压速率仅只有 3 mm/a。这说明在龙门山地区的上地壳并没有明显的地壳缩短。对比 GPS 位移的方向和中下地壳各向异性结果，我们也发现在龙门山地区上地壳与中下地壳存在着解耦。从图 5-9(b)对比 SKS 分裂结果和 APM，我们发现在龙门山地区，很多台站下方的地壳各向异性中快波方向与 SKS 分裂的快波方向以及 APM 几乎一致[65, 164, 166]。这三种表示中下地壳和上地幔结构变形在龙门山地区表现一致，暗示了中下地壳和上地幔的结构变形的方向是一致的。对比青藏高原东部区域地球表面的应力场和横波分裂的快波偏振方向[167, 168]，表明垂直连贯变形可能反映的是地壳和上地幔动力学机制的耦合也可能反映的是下地壳和上地幔具有相同的速度边界条件。最近的地震波层析成像[169, 170, 155]、大地电磁剖面[171]和地球内部密度结构[172]等研究展示了在龙门山地区有一个明显的低速、低电阻率、低黏度的中下地壳层。通常情况下，如果低速度或者低黏性层存在于中下地壳，那么岩石圈地幔与地壳的变形就不一致，这是由于应力或应变在岩石圈地幔和地壳之间不可能很容易地发生转换[30, 173]。因此，在龙门山地区的快波方向一致的 Moho 面 Ps 转换波分裂和 SKS 横波分裂可能是由下地壳和上地幔存在速度一致的边界条件造成的，而不是地壳和上地幔变形机制的耦合形成。这也说明了中下地壳和上地幔变形方向是一致的。这一解释得到了青藏高原地区带边界条件的动力学模型[174]和三维黏性流动模型（Yang and Liu，2009）的支持[175]。

另外，分别对比台站下方的或者台站相临位置下的 Moho 面 Ps 转换波分裂和 SKS 分裂结果(图 5 - 9)，我们发现中下地壳的平均分裂时间(约 0. 57 s)是上地幔的平均分裂时间(约 1. 11 s)(Chang et al.，2008)的一半[166]。Nagaya 等(2008)研究了日本地区的地壳各向异性，指出地壳内地震波各向异性的分裂时间为 0. 2 ~ 0. 7 s[132]，它被认为是 SKS 分裂的一部分。根据上地幔的橄榄岩晶格的实验室研究发现橄榄岩的各向异性度为 0. 04[135]，Chang 等(2008)推断在青藏高原东南部区域 1. 11 s 的分裂时间应该对应岩石圈地幔的平均各向异性，厚度约 120 km[166]。但是最近对 ScS 反射波的研究发现在龙门山及其附近区域的岩石圈厚度很薄，为 80 ~ 120 km[7, 176]。假设在龙门山地区的地壳厚度约为 50 km(图 5 - 10a)，那么龙门山地区岩石圈地幔厚度只有 30 ~ 70 km。在这种情况下，岩石圈地幔的各向异性就只能造成横波分裂的时间为 0. 26 ~ 0. 61 s，这远远小于 SKS 转换波的平均分裂时间(1. 11 s)。所以，我们采用的 Moho 面 Ps 转换波计算的中下地壳各向异性的分裂时间(0. 57 s)是 SKS 转换波分裂时间的主要贡献者。也说明了在龙门山地区地壳各向异性不可忽视，它可能是地壳变形的主要表现，也是研究该地区构造变形的动力学机制的主要途径。

另一方面，在四川盆地内的地震台站下方的 Ps 转换波的分裂时间很短，并且快波的偏振方向与 APM 方向一致(图 5 - 9)。众所周知，四川盆地是扬子克拉通的一部分，而扬子克拉通是形成于元古宙的稳定的大陆板块，在其内部没有明显的破裂和壳幔变形。并且 P 波层析成像(Li et al.，2006)也指出四川盆地下方存在一个约 250 km 深的大陆根[177]。所以在四川盆地内的地震台站下方的 Moho 面 Ps 转换波分裂时间短，并且快波方向与上地幔 SKS 的快波方向以及 APM 一致，这也说明了四川盆地相对青藏高原稳定，在其上地幔和地壳内没有大的构造变形，并且地壳和上地幔变形是垂向耦合的。

5.3.4　地壳各向异性与构造变形

对比龙门山西部和东部区域的地壳各向异性，我们发现地壳各向异性穿过龙门山断裂带表现差异较大。在龙门山的西侧，地壳内地震波各向异性强烈并且快波方向是西北—东南向，而在龙门山东侧四川盆地处地壳各向异性表现不明显或没有测量到地壳各向异性。龙门山西侧及其附近区域的强烈的地壳地震波各向异性不但分布于大的断裂带附近，还存在于块体内部。并且在该地区地壳内具有相对较高的 V_p/V_s 比值分布于厚的地壳内(图 5 - 10)。以上这些地震观测资料暗示了龙门山地区的地壳内的构造变形可能来自于中下地壳的变形，这与前人所提出的下地壳流的构造变形模型相吻合[29, 30]。这种模型也得到前人的地球物理研究结果的证实，例如大地电磁剖面(Zhao et al.，2008)展示出在中下地壳内存在低电阻率异常[171]、地震波层析成像在中下地壳内存在低速异常[169, 170, 155]、横波分裂[65, 166, 126]显示了明显的地壳各向异性以及密度结构，表明在中下地壳存在低黏性、低密度的软弱层等[172]。

另外，地球物理研究还发现下地壳流在龙门山地区受四川克拉通的阻挡发生了扭转，分成了两支，一支顺着龙门山向南、一支沿着龙门山向北流动[32, 166, 163]。然而，我们所测量的地壳转换波 Ps 分裂的快波方向在龙门山地区并没有发现明显扭转。地震体波成像[170]和穿过龙门山断裂带的反射/折射地震波剖面研究发现在龙门山断裂带的下方存在一个明显的低速异常层，并且该低速异常层从下地壳向上地壳延伸[178]，他提出了地壳流可能在东青藏高原的扩张和四川盆地的阻挡下发生了上涌。另一方面，有效弹性厚度(T_e)研究发现 T_e 在龙门山地区相对四川盆地较薄，仅只有 5～15 km，而四川盆地下方的 T_e 为 30～40 km[179, 180]，这表明岩石圈在龙门山地区有效弹性强度相对较弱。结合我们在龙门山地区的地壳厚度和地壳内的纵横波速比的研究结果，我们推测下地壳流可能在龙门山地区聚集，随着印度板块的继续挤压和四川盆地的阻挡下，下地壳流可能被挤压到上地壳中甚至到地表。地质学研究结果[143, 181]也发现在龙门山地区存在一些陡峭的断层，如汶川—北川—青川断裂带、映秀—北川断裂带和灌县—安县断裂带等，并且有些断层已经延伸到下地壳。以上这些研究都暗示了下地壳流在青藏高原东沿位置顺着龙门山及其龙门山附近的大陡峭的断裂带上涌，从而造成龙门山地表的抬升和地壳增厚。龙门山地区抬升的动力学模型可如图 5-11 所示。

通过接收函数集研究龙门山及其附近区域的地壳结构信息和地壳内地震波各向异性，我们发现强的地壳各向异性一般伴随着相对较高的纵横波速比(1.74～1.86)和相对较厚的地壳厚度(50～67 km)。对比地壳各向异性的快波方向与SKS 横波分裂的快波方向的结果，显示了中下地壳各向异性是 SKS 分裂的主要贡献者，说明了中下地壳存在强烈的变形，也说明了地壳和上地幔的变形方向一致。这些观测结果与前人所提出的地壳流动力学模型一致。结合最新的地震反射/折射剖面和地质资料，我们提出了在龙门山地区在青藏高原物质的东向挤压和四川盆地的阻挡下，下地壳流从中下地壳顺着大的陡峭的断裂带涌向上地壳，造成了龙门山地区的抬升，这也是造成青藏高原东南缘抬升的动力学机制。

5.4 小结

通过以上对青藏高原东南缘地区及其北部的龙门山地区的接收函数研究地壳内部的精细结构信息，初步分析青藏高原东南缘的地壳增厚、地表隆升的动力学机制可能来自下地壳流的流动。随着印度板块的继续向东北方向挤压和四川盆地的阻挡，地壳流在青藏高原东南缘发生了扭转。一支顺着大的断裂带(鲜水河—小江断裂带)向南流去，另一支顺着龙门山断裂带向北流去。

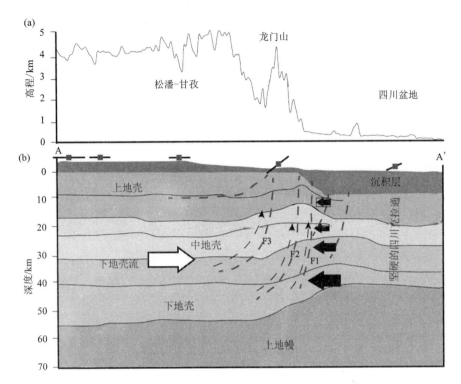

图 5 – 11　顺着图 5 – 9(b)中穿过龙门山地区黑色线段的地面抬升的动力学模型

(a)海拔深度；(b)下地壳流的流动模型，白色宽箭头表示地壳流方向，黑色宽箭头表示四川盆地的阻挡，黑色折线表示龙门山地区及其附近区域的大的断裂带，分别是 F1：灌县—江油断裂带；F2：映秀—北川断裂带；F3：汶川—茂汶断裂带。动力学模型表面上黑色带正方形的短线表示在该地壳内我们所测量到的地震波各向异性

　　龙门山地区的地貌特征与其构造特征呈鲜明的反差，它与青藏高原其他边缘相比，龙门山的海拔高度并不大，但龙门山的地形梯度却是其中最大的，在不到 30 km 的水平距离，海拔从 5000 m 突然降到 500 m。根据上述特点再加上最新的研究发现在龙门山地区地壳内介质由上向下的岩性变化，特别是下地壳介质内地震波速度大幅度降低、具有岩性强烈弱化的塑性流变性质，发现了四川盆地与川西高原之间褶皱造山带下地壳存在由西向东、下缓上陡的巨型铲式上升流。我们提出了在龙门山地区，北向流动的地壳流沿褶皱带东部边缘以陡倾角度向上逆冲，造成龙门山上地壳中央断裂带附近强烈的上隆，并使地壳增厚。

第6章　有限频层析成像研究上地幔构造

　　为了进一步研究上地幔的地球构造，论证下地壳与上地幔垂直对流的解耦问题，以及青藏高原地面隆升和地壳增厚的地球动力学机制等问题，进一步整体把握岩石圈在造山运动中所扮演的角色。地震学家对青藏高原的形变和隆升的研究并没有只局限于地壳和上地幔的各向异性。Tilmann 等在 2003 年利用 INDEPH II 和 INDEPTH III 的地震台站数据研究了青藏高原地区东西方向上的地幔结构变换，建立了青藏高原地区西北—东南向的二维速度模型[23]。其结果显示在拉萨地区中北端的地幔存在一几乎垂直分布的高速异常构造区，深度范围约从 100 km 延伸到地幔转换带 400 km 处。对于这中高速异常体的物质来源及成因解释，Tilmann 提出了三种可能[23]，第一种认为是印度古老的海洋地幔岩石圈的残余物质，但是这种冷的、重的古老的印度岩石圈物质很难存在约六千万年而不下沉到深地幔里；第二种认为是向南隐没的亚洲地幔岩石圈，但此说法无法解释更北的浅层低速异常带；第三种，根据以往的青藏高原东部地震波成像结果分析了印度地幔岩石圈最北可达到北纬 32°附近，因此认为这种高速垂直的异常体可能来自于印度板块的大陆岩石圈物质，而高速异常体的北部区域的相对低速异常则认为是温度较高的亚洲地幔物质。

　　然而在什么情况下可能产生这种几乎垂直的高速异常区，并且这么深的速度异常不可能完全来自于印度板块的俯冲作用，因为近水平的俯冲所形成的速度异常应只局限于地表附近约两百公里的位置，或者倾斜至地幔转换带处，然后水平分布在转换带区域。洪淑惠（2010）提出了两种可能的模型来解释这种垂直高速异常体[47]。第一种可能为印度—欧亚板块的陆-陆碰撞，因南北方向缩短，岩石圈逐渐增厚，由于地球内部的浮力无法支撑增厚的岩石圈，从而造成岩石圈底部的物质与上部岩石圈发生剥离，导致大规模的岩石圈底部物质下沉。第二种情况是古老的印度大陆板块受过去连接在一起的大洋板块的俯冲下拉力作用，当在六万千年前，印度大洋板块停止俯冲后，较轻的大陆岩石圈被下沉的大洋板块拉动呈现近乎垂直的状态，最后脱离原来的岩石圈，快速下沉。对于岩石圈下沉所留下来的空隙，由软流层物质上涌所填补，从而形成地幔的垂直对流现象。那么青藏高原东南缘是否也存在岩石圈的快速下沉和地幔的垂直对流呢？这也是我们需要研究的重点。在了解该研究区域的地壳精细结构后，有必要引入有限频层析成像技术对上地幔的速度结构作进一步的分析。下面就从以下几部分对有限频层析成像的原理和青藏高原东南缘区域的上地幔三维 S 波速度结构进行介绍。

6.1　有限频层析成像的原理

地震波层析成像是采用地震波射线在地球内的走时信息来研究地球内部的构造。而有限频层析成像的原理通过研究区域内任意相邻台站所接收的地震波走时差研究两台站下方的上地幔的地震波速度结构。早期的层析成像主要是通过地震观测资料和相对简单的反演方法，反演地球内部一维分层结构，如壳 – 幔、核 – 幔及内外核分界面。之后随着三维地震层析成像的蓬勃发展，人类对地球内部结构的了解也越来越清晰。但传统的走时层析成像理论严格成立的条件是地震波具有无限高频。对于频率为有限频段的地震波，我们不能简单地将它看作是无限高频的地震射线。具体来说，就是射线路径上的异常体引起的波前异常，会逐渐向射线路径旁边扩散，波前异常越来越不明显，这就是所谓的波前愈合。波前愈合造成初至地震波的幅度越来越小，直至湮没在噪声中，造成了波形上初至走时误差。对于给定大小的异常体，波前愈合所造成的误差将会随地震波长和震中距的增大而增大。在此基础上，为了降低波前愈合的误差、提高三维地球速度模型精细度，Dahlen 在地震波波动方程的基础上，建立了三维有限频层析成像理论体系。有限频层析成像基于波动方程，不需要射线理论的无限高频条件，它对于任意有限频率波都成立。

6.1.1　地震波射线理论（Ray Theory）

研究地球内部构造最直接的方法是地震波射线的层析成像。该方法分析测量各个地震台站所接收穿过地球内部的地震波震相的到时，与一维地球速度参考模型（IASP91、PREM 和 AK135）下的地震波震相的走时差，采用递推方式计算走时残差变化的侧向地震波速度异常。进而了解影响地球内部速度也就是弹性性质变化的物理状态特征，如温度结构、化学组成变换（部分熔融程度）等。

到目前为止，多数的地震波层析成像研究都是基于地震波走时求取地球速度构造，它依据地震波射线理论。假设地震波为无限频宽或者极高频率时，地震波类似于光波，其传播遵循射线理论。地震波射线的轨迹遵循费马原理，由震源到测台之间走时最短的路径所决定，于是波的传播路径和到时受到地震波射线路径上的速度影响，不受地震波射线路径以外的速度变化影响。当偏离一维参考速度模型的速度异常扰动量 $\delta c/c$ 足够小时，线性近似的射线理论可将地震波在该非均匀介质和一维模型中传播的到时差即走时扰动（δt），表示成速度的扰动量（$-\delta c/c^2$），沿地震波在一维模型中的路径积分。等同于忽略速度扰动对地震波路径的影响在二阶以上的效应，因此 δt 和 $\delta c/c$ 之间的关系可以写成[70]：

$$\delta t = -\int_{ray} c(x)^{-2}\delta c(x)\mathrm{d}l \qquad (6-1)$$

式中，$c(x)$ 为地震波路径上点 x 处一维参考速度模型的速度；$\mathrm{d}l$ 为沿着一维速度模型波径的走时线长。

6.1.2　香蕉甜甜圈理论(Banana – Doughnut Theory)

很多地震是产生于断层滑动情况下的，而由断层滑动产生的地震波具有特定的有限频宽。地震波在地球内部随着传播距离的增加，较高频能量衰减的程度较大，这时记录到的体波信号频率在数秒至数十秒之间。再加上波在非均匀介质中产生的散射及绕射现象，使得波到时会受到地震波路径的速度扰动影响。为了使地震波有限频特征以及走时对波径周围三维速度构造的敏感性能有效地展现在地震波的层析成像上。Dahlen(2002)结合体波传播理论(Body – wave propagation theory)与线性 Born 单一散射理论(Born single – scattering theory)经地球内部任意一点非均匀介质的散射波到达地表观测站的波形扰动近似[182]，利用不同频率散射波与未经散射的直达波彼此之间相互干涉(也称之为波形交叉对比)的结果，得出有限频宽走时残差(δt)与整个地球三维速度扰动($\delta c/c$)之间的线性关系如下：

$$\delta t = \iiint_{\oplus} K(x)\delta c(x)/c(x)\mathrm{d}^3x \qquad (6-2)$$

式中，$K(x)$ 为三维 Fréchet 敏感度算核(3D Fréchet sensitivity kernel)，它代表空间某一点 x 位置的速度异常对走时残差的贡献，单个散射点下的算式如下[70, 183]。

$$K = -\frac{1}{2\pi c}\left(\frac{R}{c_r R' R''}\right) \times \frac{\int_0^{\infty}\omega^3\,|s_{syn}(\omega)|^2\sin(\omega\Delta T)\mathrm{d}\omega}{\int_0^{\infty}\omega^2\,|s_{syn}(\omega)|^2\mathrm{d}\omega}$$

$$K = -\frac{1}{2\pi c}\left(\frac{R}{c_r R' R''}\right) \times \frac{\int_0^{\infty}\omega^3\,|s_{syn}(\omega)|^2\sin(\omega\Delta T)\mathrm{d}\omega}{\int_0^{\infty}\omega^2\,|s_{syn}(\omega)|^2\mathrm{d}\omega} \qquad (6-3)$$

式中，R，R' 和 R'' 分别是震源至观测站的地震波(ray)、震源至散射点(ray')和散射点至观测站(ray")的散射地震波的路径(如图 6 – 1 所示)，地震波由震源(S)至地震台站(r)的路径，沿着 ray 路径为参考散射效应的路径，x 为波径附近非均匀介质的散射点。Born 参考波自震源到散射点与散射点到地震台站的波径 ray' 和 ray"。$|s_{syn}(\omega)|^2$ 与 Dahlen(2000)中的 $|m(\omega)|^2$ 相同，它表示不同频率下采用相关性计算的理论合成地震波与实际地震波的走时残差，ΔT 代表在经过一个散射点下射线 R' 和 R'' 与未经过散射点的直达波 R 的走时差。c 与 c_r 为一维侧向均匀背景模型在地球内部传播和接收点 r 的波速。

另外从上式中可以发现当散射点 x 处在一维模型的地震波射线上时，$\Delta T=0$，

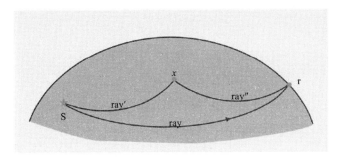

图 6 - 1　震源、地震台站与散射点的示意图

（源于王春玉硕士论文，1995）

算核等于零也就是说有限频宽的走时残差完全不受地震波射线上的速度影响，反而对波径周围的非均匀介质构造最为敏感。这就是有限频的香蕉甜甜圈理论与地震波射线理论的不同之处（图 6 - 2）。射线理论下是高频近似，所以地震波可近似为 δ 函数，其宽度反比于地震波的频率；而有限频理论下，地震波是在一定频率范围的地震波。由于有限频敏感算核的形状像香蕉，沿纵切方向看则如同空心的甜甜圈，因此有限频宽理论又被众人称之为香蕉甜甜圈理论（图 6 - 3）[70, 71]。另外，当波的频率接近无限高频时或者速度变化尺度接近于无限长时，有限频宽理论则和线性地震波射线理论相同。

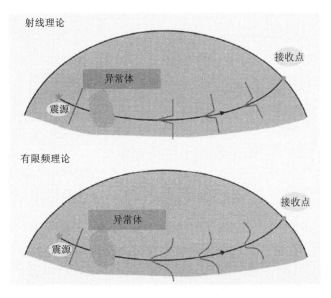

图 6 - 2　地震波射线理论与香蕉甜甜圈的理论的示意图

（源于王春玉硕士论文，1995）

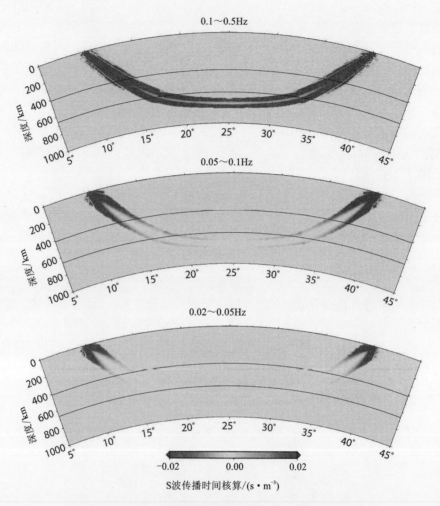

图 6 – 3　S 波到时异常在不同频率下的敏感度算核的形貌图

震中距约为 30 度的有限频宽敏感度算核，上层灰为第一 Fresnel 带，最大宽度约为 $\sqrt{\lambda L}$，下层灰为第二 Fresnel 带

6.2　初始相对到时的计算

　　什么是初始相对到时？它指在地球一维速度模型参考下，地震波走时数据与参考模型下的地震波理论走时数据差所得的残差称之为初始相对到时，它主要是为了避免由于模型本身所带来的计算误差。由于不同波长地震波的到时不同，所以在计算不同频率的地震波走时残差时，采用带通滤波把地震波分为三种波段，

分别为：高频(0.1~0.5 Hz)、中频(0.05~0.1 Hz)、低频(0.02~0.05 Hz)。然后提取 S 波震相在不同波段的初始相对到时。本文对原始数据处理时，先手动选取震相的到时，在标记到时后，要对震相的极性进行校正，剔除一些相对其他震相到时较大的地震波。然后采用 VanDecar 和 Crosson(1990)提出的多道波形交叉对比方法(multi - channel cross correlation, MCCC)，来量测研究区域内各个地震台站下地震事件的初始相对到时[185]。

在地震波时间窗口内拾取地震波 S 震相，窗口的时间长度大于一个地震波的周期，本书选择时间窗口为 -50 s~80 s。再利用 MCCC 方法得到时间窗内其中任意两观测台站之间的相对到时：

$$\Delta t_{ij} = t_i - t_j (i = 1, 2, \cdots n-1, j = i+1, i+2, \cdots, n) \qquad (6-4)$$

式中，n 为地震台站的总数。对于 n 个台站可以形成 $n(n-1)/2$ 个方程式，再加上一个约束方程：

$$\sum_{i=1}^{n} t_i = 0 \qquad (6-5)$$

$$
\begin{bmatrix}
1 & -1 & 0 & 0 & 0 \\
1 & 0 & -1 & 0 & 0 \\
1 & 0 & 0 & -1 & 0 \\
1 & 0 & 0 & 0 & -1 \\
0 & 1 & -1 & 0 & 0 \\
0 & 1 & 0 & -1 & 0 \\
0 & 1 & 0 & 0 & -1 \\
0 & 0 & 1 & -1 & 0 \\
0 & 0 & 1 & 0 & -1 \\
0 & 0 & 0 & 1 & -1 \\
1 & 1 & 1 & 1 & 1
\end{bmatrix}
\begin{bmatrix}
t_1 \\ t_2 \\ t_3 \\ t_4 \\ t_5
\end{bmatrix}
=
\begin{bmatrix}
\Delta t_{12} \\
\Delta t_{13} \\
\Delta t_{14} \\
\Delta t_{15} \\
\Delta t_{23} \\
\Delta t_{24} \\
\Delta t_{25} \\
\Delta t_{34} \\
\Delta t_{35} \\
\Delta t_{45} \\
0
\end{bmatrix}
\qquad (6-6)
$$

综合以上所有方程，最终组成一个大的稀疏矩阵方程组，以一个有五个台站接收到的地震事件为例[式(6-6)]。而任何两波形交叉对比得到的 Δt_{ij} 与台站对中两台站相对到时 t_i 与 t_j 相减($t_i - t_j$)之间的差异越小越好，其表达式如下：

$$res_{ij} = \Delta t_{ij} - (t_i - t_j) \qquad (6-7)$$

$$\sigma_i^{res} = \sqrt{\frac{1}{n-2}\left[\sum_{i=1}^{n-1} res_{ji}^2 + \sum_{j=i+1}^{n} res_{ij}^2\right]} \qquad (6-8)$$

选取的数据在各个频率范围满足内 $\sigma_i^{res} \leq 0.2$，最终选取地震波射线数分别为高频 27764 条，中频 41315 条，低频 26132 条。单个地震事件下高频段的初始相对到时如图 6-4，S 波的到时基本上在同一条线下，对于每一个台站下的时间变

S.07.220.17.04 h

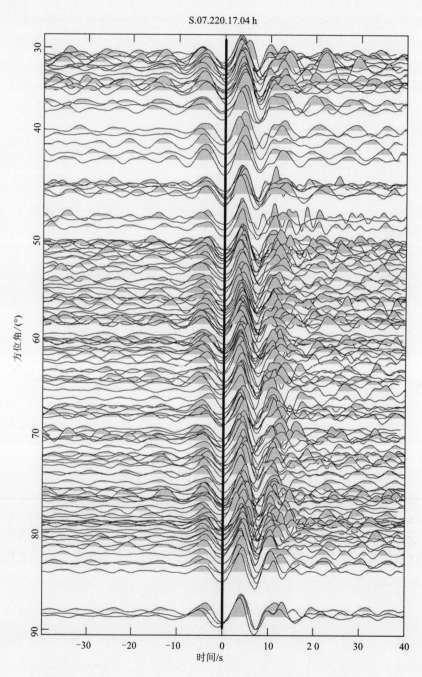

图 6−4　地震事件 07.213.17.08 高频下 264 个台站采用人工选择 S 波初震的 MCCC 结果图

化大小如图 6-5 所示。它表示单个事件下所有台站的原始走时差图,圆圈为相对一维地球速度参考模型走时慢的台站(低速异常),方块为相对一维地震速度模型走时快的台站(高速异常)。对比各个频率下图中每个台站下的异常情况,一般情况下同一个台站在相同的地震事件下表现的速度异常一致,这样就可以根据该规则进一步挑选地震的原始数据。比如台站 JYAT、HUAX、CXT,在低频和高频下表现为高速异常,而在中频下表现为低速异常,这时需要进一步检查这个台站的原始数据。

6.3 台站对的选择

经过 MCCC 方法计算每个台站下各个地震事件的初始相对到时之后,下面就面临着如何选取台站对,来反演两台站下方的构造。两个相邻台站的相对走时残差 $\delta t_1 - \delta t_2$ 可以简单地定义为两个不同台站下的 Fre′chet 敏感度的差[70, 72]。

$$K_{\delta t_1 - \delta t_2} = K_{\delta t_1} - K_{\delta t_2} \tag{5-9}$$

有限频层析成像最初引入时,一般采用的是研究区域内一个相对稳定的台站作参考,然后用该台站与其他台站的相对走时差(Ren and shen,2008)来选择台站对[76]。当研究范围扩大时,这样就不满足有限频层析成像最初的假设。有限频理论最初的假设是保证研究区域范围以外,射线路经基本上保持一致(如图 6-6 所示),这样可以消除来自研究区域之外的不均匀体对研究区域的影响。随着有限频技术的发展以及研究人员的关注,对有限频各个方面的研究都有了提高。尤其是对有限频反演过程中所选用的台站对的方式。

美国德州大学奥斯汀分校 steven 组对选择台站对做了进一步的改进。首先将单个地震事件中所有台站按照走时路径的长度从小到大进行排列,然后将相邻的两个站台作台站对求解相对走时差。这种情况下也会产生当两个台站走时路径长度相近,但是在地球表面上的距离却很远的问题,这时台站对的选择也不合理。

于是作者在前人的研究结果的基础上,将台站对选择进行了改进。首先计算研究区域内任意两个台站之间在地球表面上的距离,然后根据单个地震事件下的任意台站作闭合折线,开始寻找与该台站距离不小于 200 km 范围内距离最近的台站作为下一个台站,依此类推,形成一个闭合回路(图 6-7)。为了使得所选择的任意两个台站的距离不宜过大,使用不同台站做闭合折线圈的首个台站计算各个闭合折线总长度,选用折线圈总长度最小的那个闭合回路。为了使得台站对很好地覆盖整个研究区域内,本研究在两个台站距离大于 200 km 的基础上又设计了两个台站距离大于 300 km、400 km 等三种模式(图 6-7),最后将三种方式下的反演结果求均值。

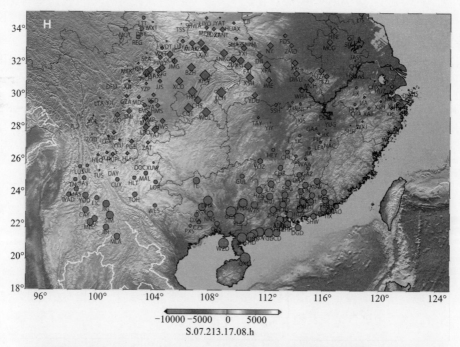

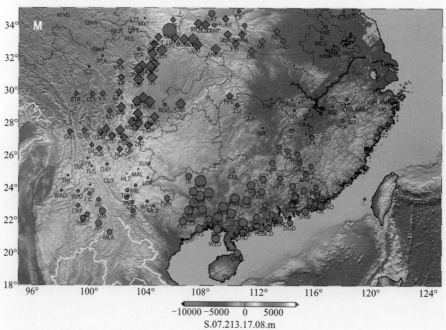

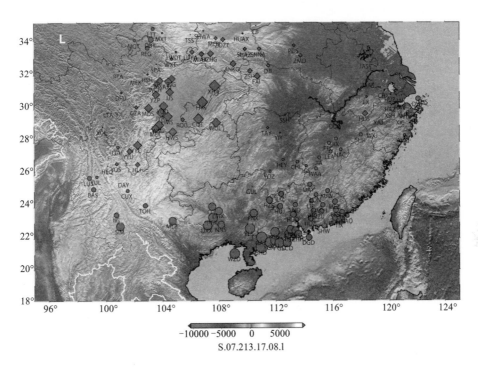

图 6-5　地震事件 07.313.12.08 下的 S 波震相高频(H)，中频(M)，低频(L)到时的原始走时差图(圆圈代表低速，方块代表高速)

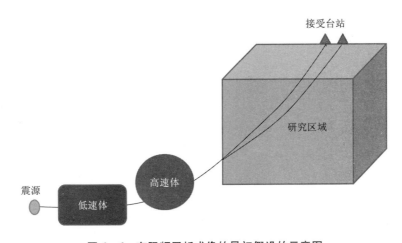

图 6-6　有限频层析成像的最初假设的示意图

S.07.213.17.08.h

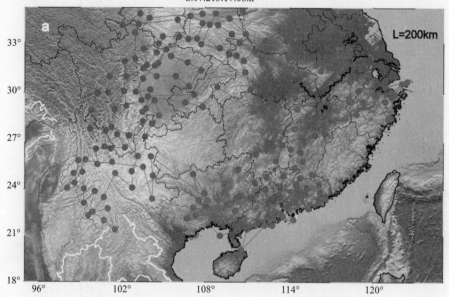

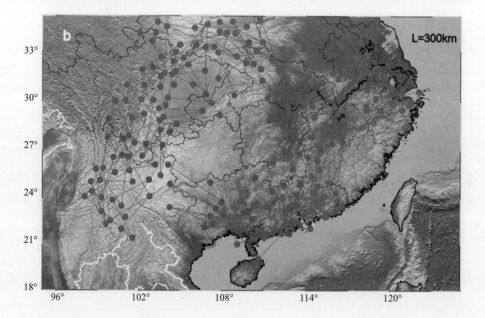

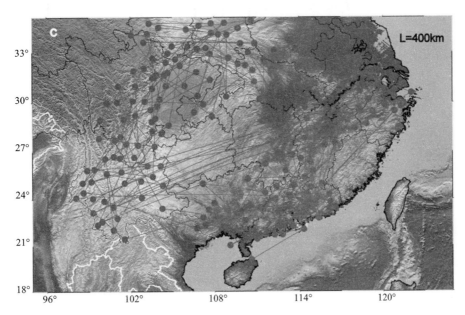

图 6 - 7　台站对的不同选择方式，五角星表示每一个闭合折线的起始台站
a—台站距为 200 km；b—台站距为 300 km；c—台站距为 400 km

6.4　地壳信息的校正

有限频层析成像是采用台站对之间的走时残差进行反演两台站下方的上地幔结构信息，而走时残差可以由上地幔的侧向速度不均匀体造成，也可能来源于地壳厚度，或台站处的地形。当体波近垂直入射时，在地球表面的浅部区域，射线路径基本上处于地球表面的正下方，这时很难通过两个台站的相对走时差来反演浅部区域构造。另一方面，在研究区域内地形及地貌相对变化较大，如南中国地块与青藏高原东南边缘处以及四川盆地段，这时台站所处的海拔高度对地震射线的走时残差就不可忽略。因此要校正源于地壳和地形的走时残差来提高层析成像对上地幔速度不均匀体的判定的精度。对于台站下方的海拔相对走时残差的校正，采用一维地球速度模型 IASP91 为参考，实际观测的地震波在地形中走时减去根据 S 波在地壳上部速度为 3.60 km/s 的理论走时，即为台站下方的地形校正。对于地壳信息的校正，采用两种方法，一种是（如图 6 - 8 所示）假设地壳的实际厚度为 h，然而在计算中采用的地壳厚度为 $h - \Delta h$，也就是说计算过程中 Δh 被看作是上地幔厚度，所以地壳的相对走时差应该表示为式（6 - 10）：

$$\Delta t_c = \frac{\Delta h}{\beta_c} - \frac{\Delta h}{\beta_m} = \left(1 - \frac{\beta_c}{\beta_m}\right)\bigg/\left(1 - \frac{\beta_c}{\alpha_c}\right) \cdot \Delta t_{sp} \qquad (6-10)$$

式中，$\Delta t_{sp} = \Delta h/\beta_c(1 - \beta_c/\alpha_c) = t_{stack} - t_e$，$t_{stack}$ 表示单个台站下 Ps 波叠加后的相对到时，t_e 表示单个台站下各个地震事件的 Ps 波相对到时，β_c 表示地壳中 S 波速度，β_m 表示上地幔中 S 波速度，α_c 表示地壳中 P 波的速度。

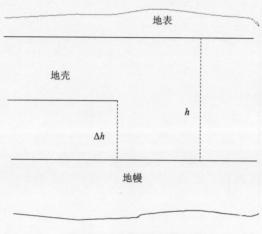

图 6-8　地壳模型的假设

考虑到不同射线参数的地震事件也会有到时差的问题，于是又将式(6-10)改写为：

$$\Delta t_{crust} = \Delta t_c \bigg/ \sqrt{(1 - p\beta_c)^2} \qquad (6-11)$$

实际上来自不同射线参数下的相对到时差十分微小，通常情况下可以忽略不计，所以本书选择 Δt_c 作为最终地壳信息的校正值。

另一种方法是，根据一维地球速度模型 IASP91 将地壳分为四层。如表 6-1 所示，计算各个台站下地壳理论合成波形[84]。另一种方法是，根据作者在 2012 青藏高原东南边缘处地壳信息以及 Chen 在 2010 年对中国所有地震台站下的地壳信息计算研究区域的地壳相对走时残差，作为本研究对地壳信息校正的资料[88, 104]。地壳信息的校正方程如下所示：

$$\Delta t_c = \frac{h(k-1)}{\alpha_c} - t_0 \qquad (5-12)$$

式中，h 为实际数据中所计算出来的 Moho 面深度，α_c 是 P 波在地壳的传播速度，t_0 是理论模型下地壳的相对走时，k 为地壳中 V_p/V_s 比值。对比以上两种计算地壳信息的结果基本一致。

表 6 - 1　地壳的分层情况表

层数	V_p /(km·s)	V_s /(km·s)	层厚/km	密度 /(g·cm⁻³)	品质因子 (Q_p)	品质因子 (Q_s)
1	6.3	3.36	地表高—海平面	2.82	400	100
2	6.3	3.36	海平面—Moho 面	2.82	400	100
3	8.04	4.47	Moho 面—150	3.32	400	100
4	8.04	4.47	150—637	3.32	400	100

6.5　模型参数化反演

在三维地震波的层析成像研究地球速度模型时，通常是根据地震台站所接收到第一手有限的地震波形数据资料来重构地球速度模型的参数，即是速度扰动量在空间分布的连续性变化，逆推此问题可以写成如下形式：

$$d_i = \int_D g_i(\boldsymbol{x}) m(x) \mathrm{d}^3 x + e_i, \ i = 1, 2, \cdots, N \qquad (6-13)$$

式中，d_i 为 N 个数据中第 i 个台站接收到的地震波走时数据，e_i 为其观测误差；$\boldsymbol{x}$ 为三维模型空间(D)的位置向量；$m(x)$ 为模型函数；$g_i(x)$ 为地震波算核第 i 个离散数据对速度模型函数的一阶偏微导数，即该地震波数据对模型函数的敏感程度。接下来就从以下几个方面对模型参数化选取以及反演过程中所采用的方法进行分析。

本研究区域范围为东经95°E 到 125°E，北纬 18°N 到 35°N，总共跨越经度30°，纬度17°。采用三维网格进行该区域划分，网格为 $65 \times 33 \times 33$，其水平面的中心点在(110°E, 26.5°N)，研究区域垂直深度为1000 km，如图 6-9 所示。图中网格的大小在经度和纬度以及深度上分别约为 0.46875°，0.65625° 和31.25 km。经过有限参数化，可以将式(6-13)改写为离散形式如下。

$$\boldsymbol{d}_i = \boldsymbol{G}_{il} \boldsymbol{m}_l, \quad \begin{matrix} i = 1, 2, \cdots, N \\ l = 1, 2, \cdots, L \end{matrix} \qquad (6-14)$$

$\boldsymbol{G}$ 为 Gram 矩阵，在有限频的理论中，i 为第 i 个台站的走时残差，$\boldsymbol{G}_{il}$ 为第 l 个网格点空间中立方体的累计总能量(Kd^3x)。$\boldsymbol{m}$ 为要求解的模型向量，其维度为 $\boldsymbol{L}([m_1, m_2, \cdots m_L]^T)$，$L$ 为所有节点数($65 \times 33 \times 33 = 70785$)；$\boldsymbol{d}$ 为地震台站实测数据向量，即地震波射线的相对走时残差，其维数为 N。

从式(6-14)很明显可以看出该反演的约束条件不足。在求取模型解时，采用的是阻尼最小平方法[186]，同时最小化模型的大小($\|\widehat{\boldsymbol{m}}\|$)，其求解式可以改

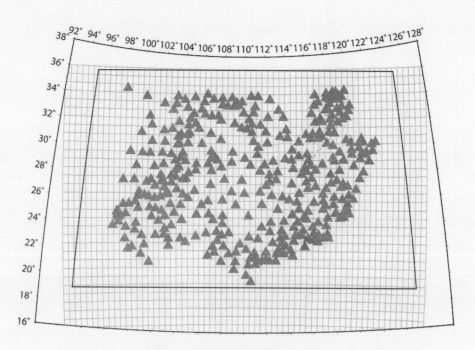

图6-9 研究区域内的网格分布图

实线是研究区域，三角形是地震的观测台站，小网格线表示在研究区城内的网格剖分情况

写成为[187]

$$\hat{m} = (G^T G + \theta^2 I)^{-1} G^T d \qquad (6-15)$$

I 为 $L \times L$ 的单位矩阵，θ^2 为阻尼值，取决于求解时拟合观测数据的最小化模型的程度（图6-10）。随着阻尼值的增加，模型变化越小，可信度越高，但地震数据的拟合程度就越差。因此为了满足平衡有限频理论所需要的模型，本书所选用的阻尼参数使得模型相对观测数据的范数约为70%（图6-10大方块）。S波速度模型的方差越小表示S波信号相对噪声在传播时间上所占比例越大。最小化模型的意义在于提出模型中未受第一手资料约束的那部分信息。在实际求解过程中为了减少计算量，采用迭代最小二乘的算法（LSQR）进行数值求解。

6.6 检测板分析

检测板是给出一个输入模型，通过 Fréchet 敏感度函数恢复输入模型的能力。它的意义在于为有限频方法以及所采用的地震数据的有效性提供坚实有力的证据。对于本研究，分别使用了纵向切面和横向切面两种形式的验证。首先基于地

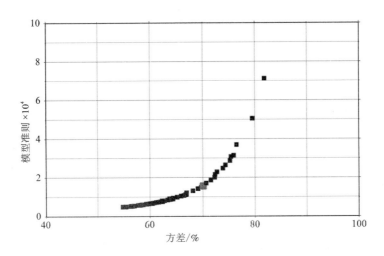

图 6 - 10　S 波最小二乘方法下的地震数据对模型变化的权衡曲线，
大方块表示反演中所选用的最佳模型参数

球 IASP91 速度模型下，采用理论合成敏感度矩阵乘以不同的输入模型计算合成走时差，如下式所示：

$$\Delta T_{syn} = \boldsymbol{G} \cdot \Delta c_{syn} \tag{5-16}$$

式中，$\boldsymbol{G}$ 与上节反演中的 $\boldsymbol{G}$ 相同，Δc_{syn} 表示输入模型。不均匀体的输入模型采用了 ±4% 速度变化，同时在理论合成走时上也加入了高斯分布的随机噪声，标准偏差等于 0.04 s。反演过程中，约束条件参数与实际数据反演中的参数一样。

　　理论合成模型反演的输入模型如图 6 - 11(输入模型)所示，不均匀体模型大小在水平方向上分别采用 200 km × 200 km、100 km × 100 km，垂直方向上采用的是 31.5 km。对于每个速度异常体的格点，速度异常幅值都是从格点中心向周围以余弦函数的方式衰减直到网格边界时为 0[188]。通过不同模型大小的速度异常网格可以看出，200 km 的速度异常网格的分辨率要大于 100 km 下的速度异常网格，如图 6 - 11(输出模型)所示，这说明该研究区域内小于或接近 100 km 大小的速度异常构造较少。下面就选取 200 km × 200 km 网格大小来研究。从不同水平层上的输入模型与反演结果(图 6 - 13)可以看出，随着深度的增加，反演结果逐渐覆盖到整个研究区域，并向外扩散，尤其是在研究区域范围以外的东南部区域，这是由于地震射线大多来源于西太平洋、印度尼西亚地区的地震，射线覆盖的越多，反演的结果越好。但随着深度增加，相邻两台站的射线路经相距越近，这时的敏感度矩阵也就越小，所以反演出来的结果分辨率就越差，也就是说当覆盖射线达到一定程度时，反演越浅的结果越聚集在研究区域内，分辨率也越高。

从不同纬度下(北纬26°、28°、30°)的纵截面图(图6-12)上可以看出,垂直方向的异常分辨最大深度可到700 km。总的来说,可以采用有限频层析成像对该地区的地震数据进行研究。

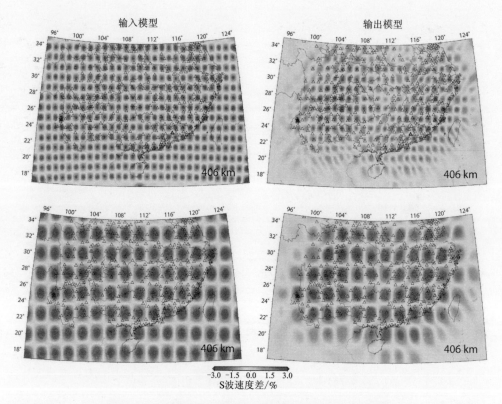

图6-11 水平方向上不同大小的输入模型及其反演结果

黑色代表低速异常,灰色代表高速异常,上面的输入输出模型为100 km×100 km,下面的为200 km×200 km

6.7 小结

本章通过分析对比地震波射线和有限频层析成像的资料,指出层析成像中有限频理论比射线理论更具有优势。并在有限频层析成像基础上提出了新的台站对选择方法以及校正地壳信息的新方法,扩大了研究区域的范围,在一定程度上减少了由于地壳信息给有限频层析成像带来的误差。

总结有限频理论可有以下几点:

首先,有限频层析成像虽然基于波动方程,但不需要射线理论的无限高频条件,它对于任意有限频率波都成立。它解决了波前愈合问题,避免了研究区域之

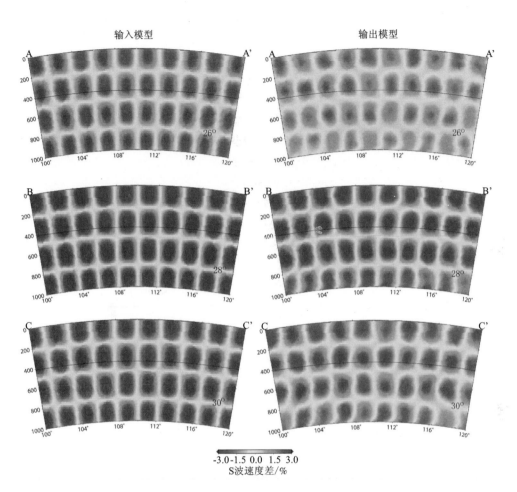

图 6 - 12　纵切面下的输入模型与反演结果对比

外的速度异常的影响。

其次，有限频层析成像反演系数矩阵比较致密，致密系数矩阵对模型空间的整体约束非常强，欠定或混定问题容易收敛到正确解附近。这在一定程度上克服了反演问题的多解性。

另外，它能充分利用宽频带地震资料，对地震波分频段滤波，提取多频段信息进行反演，这是射线理论所不具备的特点。

最后，有限频层析成像体波的三维 Fréchet 敏感度算子是空心的，在中心射线上的值为零，最大值反而出现在射线周围的菲涅尔带。对于面波和一维、二维 Fréchet 敏感度算子都是实心的。

近十余年来，有限频层析成像的研究取得了很大进展，特别是成功应用到夏

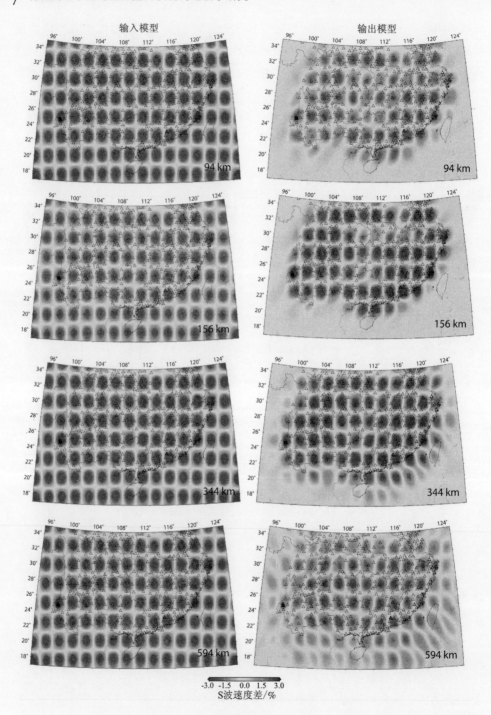

图 6 – 13　水平不同层下的输入模型与反演结果对比，标尺 –3.0％与 3.0％表示速度异常
与标准速度的最大比值

威夷地幔热柱的研究,使得该方法被广泛应用。同时人们开始将有限频理论应用到其他地震波震相中,使有限频层析成像具有多样化综合化,这也为研究复杂地质情况提供了多种有效手段。

第7章 青藏高原东南缘上地幔
S波三维速度结构分析

通过地震波速度异常来研究地球构造,首先了解造成速度异常的物理原因是什么? 只有了解速度异常的物理原因才能分析地球内部地震波速度异常与地球动力学的机制之间的关系。通常情况下速度异常是由于球对称下地幔物质如橄榄岩的 $P-T$ 相变产生的[189]。地幔物质结构偏离传统物质结构是由于一些物理因素造成的,这些因素主要包括温度异常,部分熔融,物质非均匀挥发性以及其他形式下各向异性介质等[190, 191]。研究表明,在干燥条件下温度 100~200K 时,S波速度异常发生 ±2% 的变化,而上地幔部分熔融、岩石圈拆沉都会使得S波速度异常发生很大差异[23]。

青藏高原东南边缘作为青藏高原与扬子板块相邻位置,它集中了多个板块在此交汇、碰撞或俯冲。加之板块缝合后期大陆岩石圈断层的走滑错断等作用,青藏高原东南部区域是现今地形变化和地震活动最强烈的地区之一,成为研究青藏高原现今地壳被抬升和挤出的热点地区。本书前面采用接收函数计算地区各向异性、地壳厚度以及地壳内纵横波速度比分析了该地区下地壳流模型,认为青藏高原东南缘下地壳存在着逐渐向东南旋转挤出的大地构造。而 Molnar 等(1993)认为高原上方的隆起与俯冲岩石圈末端部分拆沉也有很大关系[46]。

另外扬子板块,濒临西太平洋地区,保存并记录了大陆生长的全部过程。以扬子克拉通为基准,西边阻挡了来自于印度板块向欧亚板块的俯冲,在一定程度上也阻挡了青藏高原下地壳流向东南方向的流动,以及东部克拉通不断向东南方向的生长。由于扬子板块内太古宙古老的克拉通基底主要由西部川滇地区的康定群和哀牢山群片麻岩、变粒岩、麻粒岩等以及豫鄂地区的孔兹岩系组成[192]。所以研究扬子板块的速度结构对青藏高原东南部地区的地形构造也有着重要意义。接下来我们采用有限频层析成像研究青藏高原东南缘以及华南地块的速度结构。

根据有限频层析成像的远震走时来研究上地幔速度结构,就要考虑到浅部中上地壳陡峭入射角下的地壳异常产生的走时差。不同走时差只对相关台站对下方两台站之间的构造具有敏感性。本研究在一维地球速度模型基础上采用了两种不同方法进行地壳信息的校正。为了排除地壳模型所造成走时残差问题,本研究采用了多种地壳速度模型分别进行反演,包括 Sun 等在 2004 年和 2008 年研究的模型[193, 194] 以及 CRUST2.0[195]、CUB2.0[196] 模型,发现这几种模型所反演的结果基本一致。消除了地壳信息对有限频层析成像带来反演误差。

7.1　研究区域内地震数据

　　为确保有限频成像的可靠性，本书剔除了单一地震事件中个别台站在接收地震事件到时差大于 20 s 的台站。对有限频层析成像的研究，为了使地震射线能够达到较好地覆盖研究区域，并有利于解释地球的大构造，将研究区域定为东经 95°～125°，北纬 18°～35°，研究区域内选取地震台站共 382 个，其台站信息参数如表 7 - 1 所示。对于单一地震事件，选取具有 10 个以上的地震台站同时接收到该地震信息，经筛选后，参与有限频层析成像的地震事件共 298 个。本研究的数据与参与接收函数研究的数据来源一致，都是来自于中国地震台网自 2007 年 7 月—2010 年 7 月间三分量宽频地震数据。这四年的远震数据遍及全国各地，几乎覆盖了所有后方位角方向，研究区域及台站分布情况如图 7 - 1 和表 7 - 1 所示。台站所使用的地震仪器的情况和采样率在 5.1 节已经有详细的介绍，这里就不再做分析。

表 7 - 1　有限频层析成像的台站基本参数

台站	经度	纬度	海拔/m	台站	经度	纬度	海拔/m
AH. BAS	117.38	31.47	48	AH. BEB	117.297	32.906	49
AH. CHZ	118.28	32.29	112	AH. DYN	117.469	32.644	196
AH. FZL	116.27	31.35	119	AH. HBE	116.79	33.982	90
AH. HEF	117.17	31.84	77	AH. HNA	116.804	32.63386	
AH. HSH	118.06	31.77	181	AH. HUS	118.28	29.706	130
AH. JAS	118.26	32.81	95	AH. JIX	118.378	30.699	55
AH. JZA	115.88	31.69	50	AH. LAN	116.501	31.715	60
AH. MAS	118.57	31.69	33	AH. MCG	116.48	33.35	55
AH. SCH	116.98	31.35	65	AH. SIX	117.859	33.558	42
AH. TOL	117.82	30.93	49	CQ. CHS	107.233	29.905	140
CQ. CQT	106.57	29.42	255	CQ. FUL	107.438	29.726	90
CQ. QIJ	108.80	29.56	170	CQ. ROC	105.443	29.379	213
CQ. WAS	106.92	28.88	110	CQ. WUL	107.826	29.188	90
CQ. YUB	106.83	29.86	160	FJ. DSXP	117.426	23.708	47
FJ. FDQY	120.26	27.12	10	FJ. FQDZ	119.285	25.719	80

续表 7-1

台站	经度	纬度	海拔/m	台站	经度	纬度	海拔/m
FJ. FZCM	119.37	26.01	110	FJ. HAHF	117.521	25.012	105
FJ. HAJF	118.96	24.98	70	FJ. LJTL	119.92	26.353	130
FJ. MQDQ	118.91	26.38	103	FJ. MXXF	117.189	26.354	438
FJ. NDZW	119.54	26.67	30	FJ. NPDK	118.188	26.615	180
FJ. PCNP	118.52	27.91	255	FJ. PHSG	117.342	24.450	
FJ. PTLC	119.03	25.45	49	FJ. PTNR	119.47	25.22	72
FJ. QZH	118.60	24.94	21	FJ. SNQY	119.483	27.403	973
FJ. SWDT	117.48	27.33	194	FJ. TNSC	117.181	26.907	200
FJ. WYXF	118.01	27.75	276	FJ. YAXT	117.125	25.723	250
FJ. YAYX	117.36	25.99	179	FJ. YCSG	118.227	25.336	486
FJ. YCTM	118.27	25.40	1050	FJ. YDXS	116.63	24.697	190
FJ. YXBM	118.11	26.04	201	FJ. ZHNZ	118.86	27.357	277
GD. CHZ	116.64	23.67	13	GD. DGD	114.303	22.06	31
GD. DNB	111.21	21.65	240	GD. DOG	113.722	22.875	59
GD. FES	116.21	23.82	84	GD. GAZ	111.014	22.055	72
GD. GZH	113.65	23.65	65	GD. HEJ	110.551	21.93	113
GD. HUD	113.23	23.52	65	GD. HUJ	112.302	24.035	133
GD. HUZ	114.42	23.24	44	GD. HYJ	114.588	23.724	152
GD. JIX	115.71	23.43	123	GD. LCH	115.271	24.104	135
GD. LIP	114.47	24.36	276	GD. LIZ	112.385	24.802	108
GD. LTK	114.65	23.66	103	GD. MEZ	116.138	24.317	115
GD. NAO	117.01	23.43	5	GD. NAP	117.5	23.4	100
GD. PUN	116.14	23.29	53	GD. SCD	112.796	21.711	1
GD. SHD	111.00	21.44	58	GD. SHG	113.584	24.857	200
GD. SHT	116.63	23.42	19	GD. SHW	115.37	22.792	15
GD. SLG	113.35	23.09	26	GD. SZN	114.133	22.533	30
GD. TIS	112.89	22.27	20	GD. TIX	116.509	23.134	17
GD. XFJ	114.66	23.74	101	GD. XIG	114.635	23.788	107

续表 7 - 1

台站	经度	纬度	海拔/m	台站	经度	纬度	海拔/m
GD. XNH	113.03	22.57	86	GD. XNY	110.929	22.353	90
GD. YGC	111.94	22.42	28	GD. YGD	112.245	21.711	18
GD. YGJ	111.95	21.86	20	GD. YGX	111.6	21.75	13
GD. YND	113.36	24.13	134	GD. ZHH	113.566	22.271	50
GD. ZHJ	110.38	21.39	8	GD. ZHQ	112.539	23.178	50
GD. ZHS	113.36	22.49	50	GD. ZIJ	115.167	23.704	253
GS. CXT	105.76	33.73	980	GS. DBT	103.231	34.062	1400
GS. LTT	103.36	34.67	2703	GS. MQT	102.06	34.02	3520
GS. MXT	104.02	34.43	2325	GS. TSS	106.021	34.343	1160
GS. WDT	104.99	33.36	1060	GS. WSH	105.05	34.661	1757
GS. WXT	104.68	32.95	980	GS. ZHC	106.3	34.932	1723
GS. ZHQ	104.38	33.81	1460	GX. BHS	109.213	21.652	47
GX. BSS	106.56	23.90	174	GX. CZS	107.354	22.373	105
GX. DHX	107.99	23.75	163	GX. DXS	107.947	21.672	112
GX. DXX	107.19	22.84	242	GX. GGS	109.618	23.055	51
GX. GUL	110.37	25.29	198	GX. HCS	108.022	24.673	199
GX. HZS	111.57	24.43	144	GX. LNS	109.281	22.42	61
GX. NNS	108.15	22.89	360	GX. PGX	107.578	23.328	92
GX. PNX	110.44	23.61	76	GX. PXS	106.751	22.13	236
GX. QZS	108.64	22.28	394	GX. TE	107.168	24.982	298
GX. WZD	109.10	21.03	57	GX. WZS	111.234	23.481	25
GX. XCT	108.61	23.95	220	GX. YLS	110.173	22.635	88
GX. YTT	107.52	24.03	291	GZ. AST	106.055	26.152	1307
GZ. BJT	105.35	27.24	1462	GZ. DJT	108.13	28.22	550
GZ. KLT	107.99	26.54	980	GZ. LBT	108.027	25.323	556
GZ. LDT	106.75	25.43	431	GZ. LPS	104.77	26.65	2142
GZ. LPT	109.22	26.18	472	GZ. WNT	104.303	26.907	2334
GZ. YPT	108.81	27.21	428	GZ. ZFT	105.629	25.387	1049

续表 7 – 1

台站	经度	纬度	海拔/m	台站	经度	纬度	海拔/m
GZ. ZYT	106.85	27.77	896	HA. DA	111.32	34.8	50
HA. LS	111.04	34.02	595	HA. LYN	112.47	34.55	170
HA. NY	112.27	33.14	250	HA. PDS	113.298	33.712	107
HA. XY	114.01	32.13	87	HA. ZMD	113.745	33.133	159
HB. DJI	111.53	32.55	144	HB. DWU	114.12	31.498	73
HB. FXI	110.72	31.94	819	HB. HFE	110.021	29.904	768
HB. HME	115.89	30.14	61	HB. JME	112.169	31.119	184
HB. JYU	113.84	29.82	66	HB. LCH	108.879	30.373	1108
HB. MCH	115.16	31.13	105	HB. SSH	112.69	29.646	49
HB. SYA	110.72	32.60	662	HB. SZH	113.386	31.63	83
HB. WHA	114.51	30.51	85	HB. XFA	112.042	32.003	115
HB. XNI	114.41	29.72	71	HB. XSH	110.842	31.26	939
HB. YCH	111.32	30.78	77	HB. YDU	111.211	30.214	355
HB. YNX	115.11	30.02	86	HB. YXI	110.432	32.986	273
HB. ZSH	110.22	32.25	378	HB. ZUX	109.711	32.324	452
HI. LZH	110.18	20.58	219	HI. QXL	110.599	20.087	92
HN. CHL	113.51	26.80	280	HN. CHZ	113.04	25.819	185
HN. CNS	112.93	28.18	105	HN. HEY	112.519	26.92	65
HN. HOJ	110.00	27.11	50	HN. JGS	111.89	29.39	63
HN. JIS	109.75	28.15	195	HN. LOD	112	27.73	132
HN. MIL	113.08	28.80	45	HN. NIX	112.345	27.991	110
HN. SHY	111.45	27.21	256	HN. TAY	111.46	28.877	40
HN. YIY	112.32	28.58	70	HN. YOZ	111.617	26.222	120
HN. ZJJ	110.56	29.35	350	JS. BY	119.273	33.263	– 500
JS. DH	118.77	34.51	30	JS. GAY	118.983	34.943	65
JS. GUY	119.24	34.31	43	JS. GY	119.448	32.745	– 440
JS. HUA	119.01	33.62	– 345	JS. LAS	119.47	33.75	– 400
JS. LH	118.95	32.52	104	JS. LYG	119.243	34.641	40

续表 7 - 1

台站	经度	纬度	海拔/m	台站	经度	纬度	海拔/m
JS. PX	116.90	34.80	−370	JS. PZ	117.977	34.519	50
JS. QSD	119.82	35.00	23	JS. SH	118.156	33.544	35
JS. SQ	118.31	34.05	69	JS. SY	120.25	33.767	−380
JS. XH	119.85	32.89	−450	JS. XIY	118.389	34.381	35
JS. XW	119.54	34.50	82	JS. XY	118.492	33.067	40
JS. XZ	117.17	34.23	62	JS. YC	120.133	33.367	−400
JX. ANY	115.39	25.14	197	JX. DAY	114.36	25.39	200
JX. DUC	116.19	29.26	136	JX. FEC	115.728	27.933	59
JX. GAA	115.31	28.55	302	JX. GAZ	114.98	25.79	220
JX. HUC	115.78	25.61	229	JX. JDZ	117.261	29.276	80
JX. JGS	114.11	26.55	1018	JX. JIA	115.03	27.05	216
JX. JIJ	116.01	29.65	103	JX. JIX	116.23	28.2	225
JX. LEA	115.85	27.41	243	JX. LON	114.8	24.76	160
JX. NAC	116.56	27.53	392	JX. NNC	115.8	28.77	78
JX. SHC	116.33	26.30	280	JX. SHR	117.976	28.443	110
JX. WAA	114.80	26.37	200	JX. XIS	114.563	29.04	159
JX. XUW	115.61	25.00	200	JX. YIC	114.37	27.81	143
JX. YOX	115.61	29.08	561	JX. YUG	116.625	28.826	40
QH. BAM	100.73	32.95	3502	QH. DAW	100.248	34.478	3735
QH. MAD	98.21	34.92	4289	SC. AXI	104.431	31.638	587
SC. BTA	99.12	30.01	2639	SC. BYD	103.188	27.809	3142
SC. BZH	106.75	31.84	442	SC. CD2	103.758	30.91	653
SC. DFU	101.12	30.99	3035	SC. EMS	103.454	29.577	467
SC. GZA	102.17	30.12	1410	SC. GZI	100.019	31.61	3360
SC. HLI	102.25	26.65	1836	SC. HMS	104.398	29.572	839
SC. HSH	102.99	32.06	2344	SC. HWS	104.736	28.636	860
SC. HYS	106.84	30.42	473	SC. MXI	103.852	31.681	1584
SC. JJS	104.55	31.01	908	SC. PGE	102.542	27.384	1427

续表 7 - 1

台站	经度	纬度	海拔/m	台站	经度	纬度	海拔/m
SC. JLI	104.52	28.18	480	SC. PWU	104.548	32.416	882
SC. JLO	101.51	29.00	2915	SC. PZH	101.743	26.503	1190
SC. JMG	105.56	32.21	801	SC. QCH	105.228	32.593	800
SC. JYA	103.93	29.79	570	SC. REG	102.965	33.581	3470
SC. LBO	103.57	28.27	1310	SC. RTA	100.98	32.269	3317
SC. LGH	100.86	27.71	2669	SC. SMI	102.35	29.226	860
SC. LTA	100.27	30.00	3951	SC. SMK	102.75	26.855	2385
SC. LZH	105.41	28.87	330	SC. SPA	103.603	32.65	2905
SC. MBI	103.53	28.84	640	SC. WCH	103.588	31.479	1315
SC. MDS	103.04	30.08	1210	SC. WMP	103.79	29.053	1260
SC. MEK	102.22	31.90	2765	SC. XCE	99.792	28.942	3000
SC. MGU	103.14	28.33	2056	SC. XCO	105.902	31.018	336
SC. MLI	101.27	27.93	2437	SC. XHA	107.718	31.374	390
SC. MNI	102.17	28.33	1657	SC. XJI	102.358	30.995	2427
SC. YYC	102.26	27.85	1608	SC. XSB	102.449	27.861	2800
SC. YYU	101.68	27.47	2596	SC. YGD	104.103	30.201	800
SC. YZP	103.57	30.87	766	SC. YJI	101.012	30.034	2670
SC. ZJG	104.67	31.79	612	SN. SHNA	110.865	33.518	461
SD. CSH	118.05	34.85	65	SN. SHWA	106.937	34.554	971
SD. LIS	118.69	34.95	192	SN. XANT	108.924	34.032	630
SD. TCH	118.46	34.70	110	SN. XIXI	107.716	32.91	561
SH. DYS	122.07	30.58	10	SN. ZOZT	108.324	34.055	610
SH. QHS	121.26	30.79	10	SX. YJI	110.646	34.839	500
SH. TMS	121.15	31.08	25	YN. BAS	99.15	25.12	1675
SH. XKS	121.14	31.06	20	YN. CAY	99.26	23.13	1390
SN. ANKG	109.04	32.67	297	YN. CUX	101.54	25.03	1840
SN. HUAX	109.72	34.40	876	YN. CZS	98.667	24.904	1333
SN. HZHG	107.43	33.25	497	YN. DAY	101.32	25.73	1860

续表 7 - 1

台站	经度	纬度	海拔/m	台站	经度	纬度	海拔/m
SN. JYAT	108.75	34.71	685	YN. DOC	103.2	26.11	1228
SN. LANT	109.38	34.11	740	YN. EYA	99.95	26.11	2072
SN. LINT	109.21	34.35	730	YN. FUN	105.62	23.62	684
SN. LIYO	107.81	34.68	1027	YN. GEJ	103.16	23.36	1840
SN. LUYA	106.14	33.36	676	YN. GOS	98.67	27.74	1470
SN. MEIX	107.82	34.13	942	YN. GYA	106.66	26.46	1162
SN. MIAX	106.80	33.23	1151	YN. HEQ	100.15	26.55	2210
SN. SHAZ	109.87	33.51	836	YN. IILT	102.75	25.15	1892
YN. JIH	100.74	22.02	570	YN. HUP	101.2	26.59	1286
YN. JIP	103.22	22.78	1305	YN. JIG	100.74	23.5	1030
YN. JIS	102.76	23.65	1380	YN. SBT	98.541	24.953	1682
YN. KMI	102.74	25.12	1975	YN. SIM	101.01	22.78	1360
YN. LAC	99.92	22.55	1222	YN. TNC	98.52	25.03	1650
YN. LIC	100.07	23.88	1580	YN. TOH	102.79	24.11	1870
YN. LIJ	100.23	26.90	2480	YN. TUS	100.25	25.61	1967
YN. LOP	104.29	24.89	1478	YN. WAD	98.07	24.09	920
YN. LUQ	102.45	25.54	1777	YN. WES	104.25	23.41	1480
YN. LUS	98.85	25.83	845	YN. XHT	98.485	24.748	1207
YN. MAL	103.58	25.43	2010	YN. XUW	104.14	26.09	2073
YN. MAS	98.59	24.42	920	YN. YAJ	104.23	28.11	575
YN. MEL	99.59	22.34	934	YN. YIM	102.2	24.72	1630
YN. MIL	103.39	24.41	1550	YN. YOD	99.25	24.04	1690
YN. MIZ	98.42	25.13	1850	YN. YOS	100.77	26.69	2200
YN. MLA	101.53	21.43	647	YN. YUJ	101.98	23.57	529
YN. MLP	104.70	23.13	1054	YN. YUL	99.37	25.89	1700
YN. MZT	98.50	25.22	1880	YN. YUM	101.861	25.689	1085
YN. QIJ	102.94	26.91	1112	YN. YUX	100.14	24.44	1110
YN. QKT	98.34	25.22	1825	YN. ZAT	103.72	27.32	1940

续表 7 – 1

台站	经度	纬度	海拔/m	台站	经度	纬度	海拔/m
YN. RHT	98.44	24.95	1490	YN. ZOD	99.7	27.82	3248
YN. RST	98.39	24.91	1191	ZJ. CHA	118.413	29.47	228
ZJ. CHX	119.66	31.09	135	ZJ. SHS	122.451	30.706	76
ZJ. HAY	120.85	30.38	60	ZJ. WEZ	120.668	27.927	20
ZJ. HAZ	120.11	30.27	50	ZJ. WXJ	118.826	28.696	162
ZJ. HUZ	120.10	30.84	12	ZJ. XAJ	119.271	29.482	90
ZJ. JAX	120.89	30.78	5	ZJ. XIC	120.862	29.482	122
ZJ. LIA	118.96	30.14	230	ZJ. XSH	120.105	29.894	40
ZJ. NIB	121.52	29.98	20	ZJ. YIX	121.326	29.801	50
ZJ. NIH	121.70	29.25	60	ZJ. YOK	120.201	28.962	210
ZJ. QIY	119.06	27.62	435	ZJ. YUQ	121.08	28.415	85
ZJ. ZHS	122.12	30.04	40	ZJ. YUY	121.094	29.953	45

7.2 层析成像水平切片结果及分析

为了圈定速度异常的分布范围和平面展布特征,首先对层析成像作了不同深度的水平剖面(图 7 – 2)。图中灰色粗线表示地块分界线,每一个块体的名字见图 7 – 1。为了剔除地壳信息,分析平面切片信息时从约 62 km 开始,从上到下对每一层的层析成像水平切面图依次分析。值得提出的是在研究区域内小于东经 99°,从北纬 28°到 31°出现的 S 波高速块体、中国东南边缘区域以外地方(包括海南和台湾)以及中国西南边缘地区所出现速度异常体,本研究都不作分析。由于在这些地区,没有地震台站覆盖也就没有直接的地震射线穿过,不能够直接反映这些地区的地下结构。

7.2.1 62 ~ 125 km 深度的切面图

由于近地表射线的交叉覆盖性不好,随深度增加射线覆盖性越好,反演出的结果(图 7 – 2)就越清楚。当深度达到一定值时(约 700 km),随深度增加,台站对在传播路径上的到时差相对减少了,所以反演结果不明显。但总的来说成像结果还是值得肯定的,整个研究区域以高速异常为主。

图 7 – 2 中有两个明显的特征,一是在 101°E 向西南倾斜,直达红河断裂带约

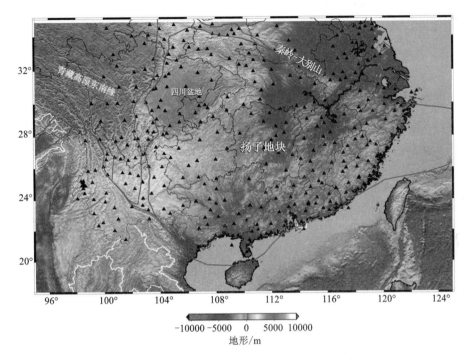

图 7 - 1 有限频层析成像中研究区域内的地震台站分布情况
黑色三角形表示地震台站，线条表示板块划分的边界和大断层

26°N，平面上处于腾冲火山区及青藏高原与四川盆地、云贵高原的交界处，表现出强烈的低速异常，该低速体自 62 km 一直延伸到深度 125 km 处。结合第 5 章所分析的青藏高原东南边缘 V_p/V_s 比值相对于其周围的比值较高，造成 V_p/V_s 比值高的情况来自于两方面，一方面是体波 P 波的速度相对较高，另一方面是体波 S 波的速度相对较低。从上述的结果来看，该地区确实存在体波 S 波低速异常。另外，在该低速异常体的下方以及其西南部区域的上地幔深部区域都存在着相对高速异常体，并且该异常体呈现由喜马拉雅东构造结处的下地壳位置向东北方向延伸，直到地幔转换带区域。可能是由于印度板块与欧亚板块相碰撞之后，印度板块坚硬岩石圈俯冲到欧亚板块中。随着重力作用，印度板块岩石圈与上部发生部分拆沉，软流层物质折返，所以在 125 km 以上的上地幔呈现出低速异常，这是软流层折返形成的。二是四川盆地及其周围的高速异常区，对比了其他层在该地的速度异常，该处的高速体自 62 km 一直延伸到深部约 350 km 处。Li 等（2008）采用体波成像研究了四川盆地，发现在四川盆地下方存在一个约 250 km 深的大陆根[197]。结合前人在四川盆地的研究结果，我们推测四川盆地的古老克拉通构造稳定，不存在强烈变形和活火山等[197, 198]。S 波高速异常标志着四川盆地具有

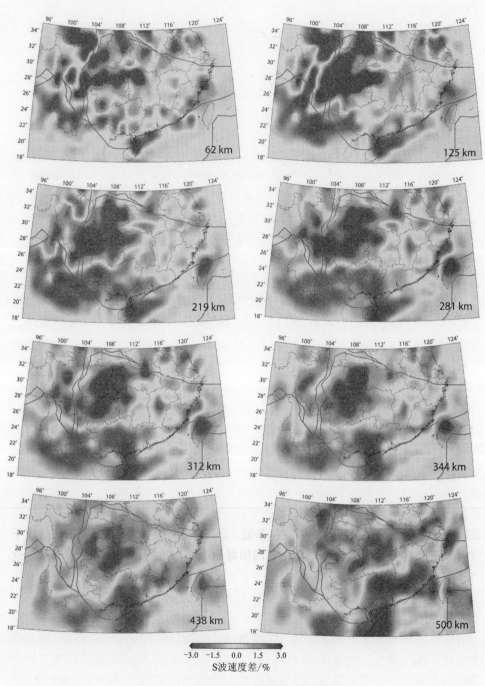

图 7 – 2　不同深度层 S 波速度异常横切面图

黑色表示低速异常，灰色表示高速异常

厚而硬的地质基底。

7.2.2　125 km ~ 219 km ~ 281 km 深度的切面图

从 125 km ~ 219 km ~ 281 km 水平切面图上看出，上面所提到的青藏高原与四川盆地和云贵高原交界处的低速异常体，随深度增加逐渐被高速异常所代替，尤其是在 281 km 处完全是高速异常。腾冲火山区—红河断裂带南部的高速异常体范围持续增加。上面浮着低速异常预示着上地幔存在高熔融状态，Ren 和 Shen (2008)将这一现象作为青藏高原上地幔岩石圈拆沉的证据[76]。岩石圈底部物质拆沉使得岩石圈变薄，其周围密度较低的软流层物质填充了原来的岩石圈被拆沉的空间，进而造成高速体上部覆盖着低速异常体，从而使得岩石圈的上部地壳被抬升。Liang 分别计算了 P 波和 S 波以及 V_p/V_s 在相邻地区的成像，得出青藏高原地区具有高速异常和低 V_p/V_s 比值[183]，说明该地区与岩石圈拆沉的动力学模型相吻合[46]。

在四川盆地及其周围区域仍然保留着高速异常，这在 62 km ~ 125 km 部分已经作了分析，此处的高速异常与以往的层析成像结果一致[199, 200]。四川盆地是扬子板块的一部分，盆地边界由多个造山带、断裂带和褶皱带围绕，在晚元古代扬子板块经历了三叠纪至晚白垩纪的四个方向的盆地作用之后，形成了最终的盆地形态，盆地进入了褶皱和隆升剥蚀改造期[201, 202]。四川盆地的大地热流平均值为 53 mW/m^2，而青藏高原东部的地表平均热流在 72 ~ 82 mW/m^2 之间[203]。这表明四川盆地具有典型克拉通的性质；而青藏高原东缘地区低速和相对高值的热流也说明该地区的壳－幔介质具有高温、低强度的特性。四川盆地的岩石圈根部 S 波高速异常区域向东延伸到扬子克拉通中(约 112°E)，向南延伸到贵州境内(约 26°N)。在上地幔 350 km 的地方，形成了与南中国块体下的 S 波低速异常区域褶皱分界带。这些现象可能揭示了印度板块和欧亚板块的持续碰撞，导致青藏高原东缘的软流圈向东运移，但由于古老的四川克拉通的岩石圈的阻挡作用，软流圈转向下溢，侵蚀了四川盆地岩石圈的基地，造成 150 km ~ 350 km 处的四川盆地下方的高速异常向东南方向倾斜。也在四川盆地西部上地幔顶部形成低速异常。这与前人的观测结果一致[204]。

7.2.3　281 km ~ 312 km ~ 500 km 深度的切面图

首先从青藏高原东南部与四川盆地和云贵高原交界处高速异常来看，随着深度增加，当达到约 312 km，该地区下方的高速异常开始逐渐消失，当达到约 500 km 深度时已经消失完全。随着印度板块岩石圈拆沉的部分向深部地幔下沉，由于拆沉的岩石圈重力作用，使得下沉速度较慢或拆沉年代较晚，还没有使拆沉的岩石圈下沉到足够深。另外，在 500 km 地幔的转换带处，扬子板块内部出现了一条十分明显的高速异常带，自东北向西南一直延伸到四川盆地南部的贵州省。从早、中三叠世开始太平洋板块向欧亚板块的俯冲运动影响较大，尤其是从侏罗纪时期开始，太平洋板块以较快的速率和较小的角度向欧亚板块俯冲，随着时间的推移，俯冲角度逐渐增大，到新生代为止，太平洋板块的俯冲作用对整个华南陆块的构造演化产生着深远的影响。所以，在扬子板块转换带处的这一高速度异常恰好是古老的太平洋板块俯冲到中国东南部中的有利证据。而该高速异常在地幔转换带处分为两块，一块分布在四川盆地的西南部区域，并且其上部与四川盆地的高速异常相连，另一块分布在自大别山向华南地块的中部延伸的区域，这可能与古太平洋板块俯冲过程中的回退有关；回退时，前期俯冲的物质则停滞在转换带区域[205]。对比以往层析成像在南中国块体上地幔研究成果[206-210, 169]，本研究的层析成像结果在密集的地震数据覆盖下清晰显示了古太平洋板块的俯冲板片，提供了更为精细的上地幔结构信息。

7.3 层析成像纵向切片结果及分析

为了进一步圈定速度异常的垂向分布特征，刻画印度岩石圈板块俯冲的形态，追踪板块俯冲前缘的位置，研究印度板块与欧亚板块碰撞的关系。针对研究区域内作了以下8个不同垂向层析成像的切面图，其切面的位置如图7-3所示。层析成像目的是为了探讨青藏高原东南部区域上地幔构造，所以垂向切面多集中在青藏高原东南部位置。切片分别沿着东经100°、101°、102°、104°、108°自北纬18°到35°的剖面，北纬26°自东经95°到125°以及斜向纵切面（E98°，N27°）—（E104°，N35°）和（E106°，N25°）—（E121°，N33°）。另外纵向切片见图7-4至图7-11，灰白色表示相对一维地球模型（IASP91）中上地幔S波速度的高速异常区域，灰黑色表示相对低速异常区域。

7.3.1 沿东经100°层析成像剖面结果分析

该剖面北边纵跨青藏高原东南部地区，向南穿过红河断裂带纵切云南西南边缘，从北纬35°到18°，但由于北纬22°到18°以及北纬35°区域没有台站覆盖或台站覆盖较为稀疏，所以对于该区域的结果不作分析。图7-4上部曲线图表示该切面的地形图，0~4000 km表示从海平面0 m开始地面起伏大小，下部是切片剖面图。从约28°到35°是青藏高原东南边缘地区，其海拔相对较高约为4000 m。对于剖面图上纵坐标表示从海平面以下的深度，62 km的黑色实线表示从海平面向下深度为62 km的位置。该研究的层析成像研究区域分析的都是62 km以下的深度，其原因是为了抛除地壳信息的影响（上一章已经作了详细的分析）。首先从北纬28°到33°深度自200 km到400 km的高速异常来看，其上部覆盖着低速异

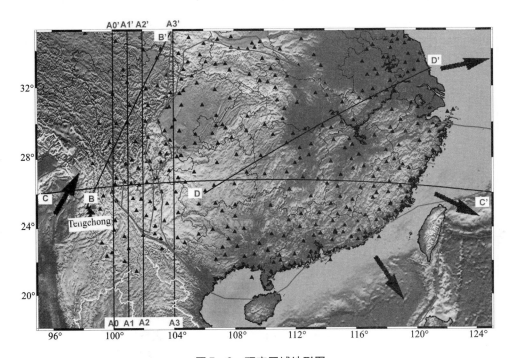

图 7 – 3　研究区域地形图

A0 – A0' 到 DD' 分别代表层析成像的 8 个纵向切片位置，灰色线条表示板块构造边界，黑色表示大的断裂带，黑色箭头表示绝对板块运动方向，黑色加粗折线表示华南板块与青藏板块的边界在该处有争议的边界段

常，它位于青藏高原的东南边缘，可能是由于印度岩石圈板块俯冲形成的。其次对于北纬 24°正下方约 100 km 处出现的低速异常，可能是由于印度岩石圈俯冲的拆沉发生以后软流层折返作用使软流层物质上涌形成，也可能是由于腾冲火山造山带的影响。腾冲火山(98°E, 25°N，图 7 – 3 中三角形，Tengchong)位于缅甸板块东部与印度板块和喜马拉雅东构造结附近。它是新生代火山活动区，最近一次活动发生于 1609 年[211]，同时也是腾冲—龙陵地震带的一部分。腾冲火山区及邻近地区的地震震源机制表明，在该地区主要受印度板块在缅甸的中深源地震带产生的侧面挤压剪切的影响[212]。通过重力负异常和地域性热流来推断腾冲地区下方在地壳内部存在着岩浆作用[213, 214]。本研究结果在腾冲区域的上地幔附近呈现低速异常，低速异常初步确定深度为 100 km ~ 200 km，这表明腾冲火山活动与印度板块在缅甸弧地区的俯冲有关。王椿镛等(2002)根据腾冲火山地热区实施了人工地震测深剖面资料显示，在腾冲的热海热田附近地壳存在低速异常体，指出与该地区的地热活动有关[215]。红河断裂带区域(图 7 – 4，图 7 – 5)的低速异常继

续向深部延伸,初步推测该断裂带下方的岩石圈结构与印度块体以及南中国块体的上地幔结构相连接。这一结果与前人的结果一致(Li et al.,2008)。

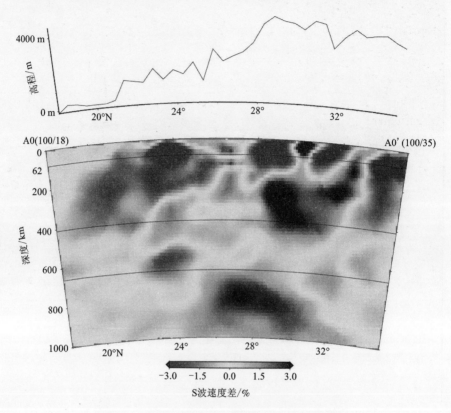

图 7-4　经度 100°的 S 波速度异常的纵切面图

由于层析成像中的检测板对深部大约 700 km 的区域分辨不明显,所以对于切面在 700 km~900 km 深度出现的高速异常不作分析。对于其他垂向剖面图中所出现的深度大于 700 km 的异常区域在下文中就不作分析也不另外提示。

7.3.2　沿东经 101°层析成像剖面结果分析

该部位剖面(图 7-5)上的信息与图 7-4 信息一致,上部曲线表示顺着该切面的地形图,由南向北,地表起伏变大,在北纬 32°,最大海拔达到 4000 m。下部剖面图表示 101°E 的纵向切片图,从该切片由北向南高速异常的深度从 100 km(约 27°N)连续向深部延伸至 350 km(约 32°N),其上面覆盖着低速异常。该处的低速异常与东经 100°区域的低速异常是连通的。这说明北部更靠近青藏高原地区的岩石圈可能在重力均衡作用下,发生了板块拆沉。拆沉的时间相对于远离青藏高原地区板块拆沉时间较早。随着印度板块的继续俯冲，岩石圈拆沉依次发生，其上部低速异常来源于岩石圈拆沉后软流层物质的折返。

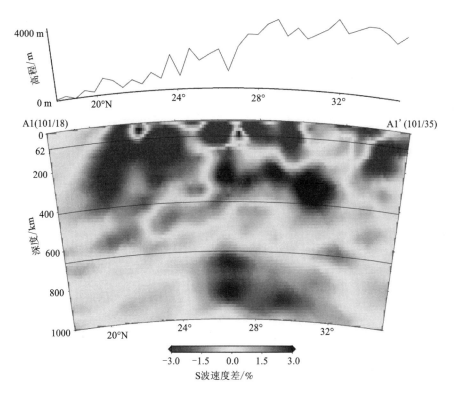

图 7 - 5　经度 101°的 S 波速度异常的纵切面图

7.3.3　沿东经 102°、104°层析成像剖面结果分析

图 7 - 6 及图 7 - 7 两切片图都在四川盆地表现为 S 波高速异常，异常区域从地表一直延伸到约 350 km 处。该结果一方面展示了印度板块向青藏高原东部地区俯冲达到约 101°E 附近。另一方面验证了扬子板块中四川盆地及其周边的高速异常，与采用 Pn 数据计算的四川盆地浅部快速异常[199, 216]一致。另外层析成像结果表明该盆地里具有较厚的地震波高速异常显示的大陆根（大多为刚性物质）[217]。Huang 和 Zhao（2006）也分析了大量的 P 波在地幔中的速度结构，发现在四川盆地表现为 P 波高速异常，表明南中国块体中的四川盆地附近还残留着前寒武纪核[169]。然而四川盆地与鄂尔多斯盆地之间的秦岭大别造山带却表现为低速异常，这也与图 7 - 6 中的右上角的低速异常表现一致。另外，在四川盆地下方的转换带处自 35°N 向南到 29°N 也出现了不连续的高速异常。初步认为该高速

异常来自于两方面，一方面，35°N下方的高速异常来自于印度板块的继续俯冲；另一方面，四川盆地下方高速异常由于四川克拉通的阻挡，印度板块不可能俯冲到四川盆地的东南侧，所以这种高速异常可能来自古太平洋板块在晚白垩世时期残留下的俯冲板片。

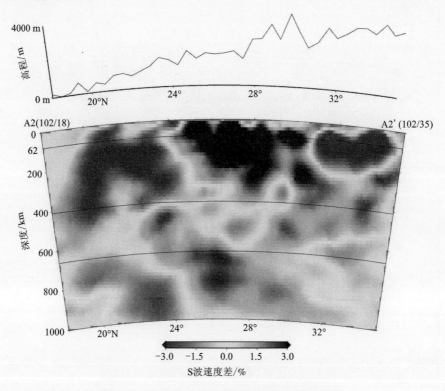

图 7-6 经度 102°的 S 波速度异常的纵切面图

7.3.4 (E98°，N27°)—(E104°，N35°)和 N26°层析成像的纵切面结果分析

图 7-8 图中显示了两块十分明显的高速异常体，一块(F2)位于喜马拉雅东构造结向东北方向以高倾角俯冲，另一块(F3)位于松潘—甘孜的东南部与四川盆地的西部接壤的区域。这两块高速异常体之间存在一个裂隙，该裂隙中间填充了低速异常物质。地质和地震活动研究表明，这个地区存在大陆岩石圈向北和向东的俯冲。对于印度岩石圈板块是否向北以高倾角的方式俯冲[23, 197]，直到松潘—甘孜的东南部区域，是了解青藏高原东南缘区域深部构造演化的关键问题。在南-北裂谷带区域存在一个约 200 km 深的低速异常[76]并且该低速异常向东延伸，这表明若是俯冲的印度岩石圈板块出现在裂谷之前，俯冲的印度板片将会被

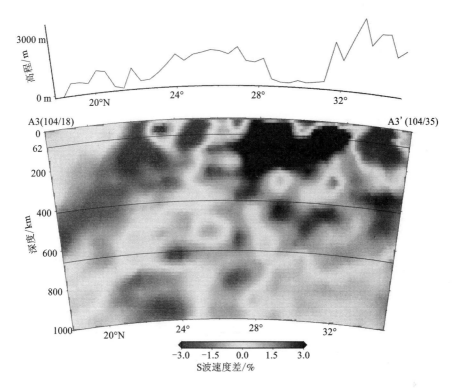

图 7 - 7　经度 104°的 S 波速度异常的纵切面图

破坏成小的俯冲板片[218]。区域软流层物质将会伴随着破裂的俯冲板片上涌，从而在俯冲板块的上方形成低速异常，正如本研究中显示的在腾冲区域附近存在大面积的低速异常。对于不连续的两个高速异常体恰好是印度板块在俯冲过程中被剥离的一种表现。然而，若是该地区的两块明显的高速异常体来自于印度板块的俯冲板片，似乎仅靠印度岩石圈板块的俯冲并不够。Le Pichon 等(1992)指出目前的印度 - 欧亚板块的地壳并不能与模拟的整个碰撞后的地壳增厚和物质东流的重力达到均衡[219]。一个最可能原因是失踪的地壳可能是在高温高压作用下印度板块的下地壳已经转换成了上地幔中的麻粒岩和榴辉岩。热动力学和岩石物性模拟表明，榴辉岩在喜马拉雅山的下地壳和高的 $P - T$ 条件下发生岩性变质[220]。这表明印度板块的俯冲并不仅是来自于印度板块的地幔岩石圈，也有一部分来自于喜马拉雅山的下地壳榴辉岩的变质。

从 N26°剖面图(图 7 -9)可看出，高速异常自西向东逐渐往深部延伸，并在其上方伴随着低速异常。缅甸板块和腾冲火山附近的中源地震达到 200 km 深度，因此这里的上地幔高速现象可能就是由于印度板块或者缅甸板块的大陆岩石圈俯

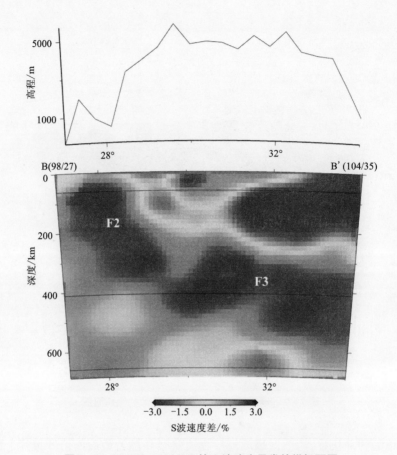

图 7 - 8 98/27°—104/35°的 S 波速度异常的纵切面图

冲造成的。Huang 和 Zhao(2006)对该地区的地震波成像研究也表明腾冲地区的低速异常可能与缅甸板块的俯冲有关[169]。印度板块连带着微小的缅甸板块沿缅甸弧向东俯冲达到转换带顶部区域,在俯冲板片上方造成显著的上地幔低速异常,如剖面 E100°和 E101°的低速异常区域。在腾冲火山区低速的上地幔软流层物质上涌并向东扩展,占据了红河断裂以南的大片区域以及华南板块的西南部区域。综合 N26°和(E98°, N27°)—(E104°, N35°)剖面结果,我们发现沿缅甸弧向东延伸的高速异常代表着印度板块向东的俯冲板片,它与从喜马拉雅东构造结向北延伸的高速异常体相连,这表明印度板块在向东俯冲的同时也向北俯冲。

7.3.5 华南板块下方转换带处的高速异常结果及分析

从剖面(E106°, N25°)—(E121°, N33°)图(图 7 - 10)上清晰看出在转换带

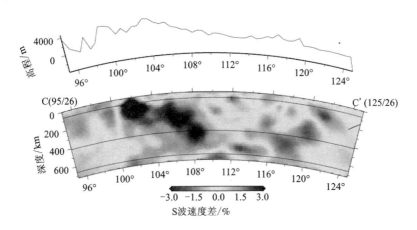

图 7 - 9　北纬 26°的 S 波速度异常的纵切面图

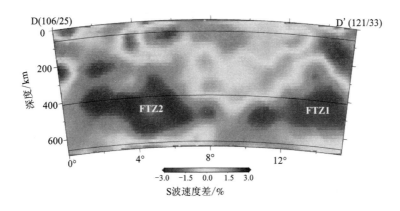

图 7 - 10　(E106°, N25°)—(E121°, N33°)的 S 波速度异常的纵切面图

处存在两处明显的高速异常体(F1Z1, F1Z2)。Huang 和 Zhao(2006)通过体波研究发现在华南板块的北部区域存在太平洋板块以倾角 45°向西南方向俯冲, 俯冲的深度约达到 400 km。随后俯冲板片变成水平方向在转换带处继续俯冲。研究表明, 太平洋俯冲板片穿过上地幔 410 km 界面, 进入地幔转换带, 但由于底部 660 km 界面的阻挡, 从而使太平洋板片俯冲物转为水平状滞留在地幔转换带中[208, 221 - 225]。由于太平洋板块正处于威尔逊循环的衰退期, 太平洋板块向西快速俯冲和消减, 俯冲带向东迁移, 使得中国东部大陆整体处于拉张环境。早期的俯冲板片在太平洋板块向东迁移过程中与后期的俯冲板片发生了分离, 从而在转换带处形成了两个不连续的高速异常。太平洋板块的深度俯冲和脱水作用造成软流层物质的上涌[224, 226]，从而形成了地幔软流[227-228]，进而造就了中国东部大陆岩石圈地壳整体被拉张减薄[229]。高分辨率 P 波层析成像表明，滞留在地幔转换带中的太平洋俯冲板片向西俯冲的前沿正好达到南北重力梯度带的位置[230]，而板片的南部边界大致在 25°N 附近，这与本研究的结果一致。

7.4　青藏高原东南部地区三维构造的讨论

自印度板块与欧亚板块在 50 Ma 碰撞以来，欧亚板块持续向东北推移，在推移过程中北部受俄罗斯、西伯利亚地台的阻挡。一方面造成青藏高原在南北方向发生地壳缩短、增厚，东西方向上拉伸形成地下物质东流。不论来自于青藏高原的物质以何种方式流动，青藏高原东南边缘地区都将是物质东流的必经之地。当下地壳流向东流的过程中，受到四川盆地的阻挡发生扭转为东南方向。随着下地壳流作用，青藏高原被逐渐抬升。另一方面，有关印度板块俯冲所产生的岩石圈部分拆沉，使青藏高原地表被来自软流层物质上涌所提供的浮力抬升。总之，青藏高原东南部地区的抬升与壳 – 幔形变机制有着密不可分的关系，同时也反映了青藏高原在陆 – 陆碰撞后所形成一系列的地球动力学过程。

由此研究得到了一种新认识：地幔变形的主要模式是岩石圈的部分拆沉。这也与最近 Niu(2011)的研究结果吻合，Niu 通过研究 ScS 反射数据发现，在青藏高原地区岩石圈与软流层的界面(LAB)深度相对于中国其他地区较浅，为 80 ~ 100 km。由于青藏高原东南部地区地壳较厚，为 50 ~ 70 km，那么这里的岩石圈厚度相当于只有 10 ~ 50 km。如果原始平均岩石圈厚度为 100 ~ 150 km，可能存在较大厚度的岩石圈被拆沉。岩石力学研究表明，岩石强度大的主要分布在两个区域，一个在上地壳，另一个是上地幔[231]。这表明，地壳厚度的增加或者岩石圈厚度的减少都能减弱岩石圈对其上地壳的整体拉力[232]。于是推测研究区域内高频地震的发生恰是岩石圈部分拆沉的一种体现。

本研究计算了青藏高原东南部地壳各向异性、地壳厚度、地壳 V_p/V_s 比值和有限频层析成像，研究了该地区有关青藏高原被抬升的动力学模型，为该地区的下地壳流模型和上地幔岩石圈部分拆沉模型提供了地球物理证据。针对以上两种动力学模型结合本研究成果对研究区域构造进行讨论。

下地壳流模型：认为青藏高原的抬升是由于青藏高原受印度板块的挤压，地壳物质向高原底部聚集，高原内部地壳增厚。这时下地壳的塑性物质会从地壳较厚的地区(青藏高原中部)向地壳较薄的地区流动，在流动过程中造成上地壳隆起。而本研究区域的地壳厚度和 V_p/V_s 比值都是自青藏高原东南边缘向东南方向逐渐递减，各向异性横波分裂后的快波方向一方面自青藏高原东南向南扭转，另一方面在龙门山地区垂直于龙门山构造带，从地球物理学上解释了下地壳流模型；并指出了下地壳流在青藏高原东南缘发生了扭转，一部分顺着大的断裂带（鲜水河—小江断裂带）向南流动，另一部分沿着龙门山断裂带向北方向流动。在龙门山地区受四川盆地的阻挡，北向的地壳流顺着陡、深的断裂带上涌，使龙门山地区成为青藏高原边缘处坡度最大的地区。当今大量研究发现青藏高原东南缘下地壳内出现了低速层[233]、低阻层以及高 V_p/V_s 比值[38]。产生这种低速、低阻、高 V_p/V_s 比值和强各向异性的原因主要有以下的几点认识：(1)超镁铁质岩，(2)矿物的脱水作用，(3)壳内部分熔融作用。经过地球物理学家的不断完善，"下地壳流"模型已成为描述青藏高原抬升过程的动力学模型。

岩石圈部分拆沉模型：它描述大陆岩石圈与软流层等各圈层之间相互作用，包括能量传递、物质交换以及构造动力学的过程。随着青藏高原地壳增厚、地面抬升势必存在着一个较厚的岩石圈层来支持着这一重物。但山脉强烈隆起仅靠气候带来的剥蚀搬运等外力作用不足以维持与重力的平衡，所以密度大而冷的岩石圈底部由于重力失衡发生拆沉现象。周围密度较小的软流层物质上涌，使得上部地壳被抬升。而针对密度大而冷的岩石圈，不同学者采用不同研究方法得到各自的结论，普遍认为是印度板块俯冲到青藏高原造成的。Zhou 等 (2004) 通过对全球层析成像研究，结果表明印度岩石圈板块几乎已经近水平俯冲到整个青藏高原之下深度约 165～260 km 处的地方[234]。青藏高原上地幔岩石圈中 75～120 km 处表现为高速异常，其上覆盖着低速异常。认为印度板块俯冲过程中，岩石圈底部与上部产生了部分拆沉后，软流层物质上涌。本研究有限频层析成像结果也表明在青藏高原东南边缘，约 100～350 km 处存在一个连续的自南向北延伸的高速异常带，并在其上方覆盖着低速异常带。初步认为是来自印度板块俯冲的岩石圈发生了部分拆沉，密度较小的软流层物质填充了原来岩石圈的空缺，并提供了浮力作用使得地壳以及以上物质被抬升，进而造成青藏高原的局部抬升，这与 Zhou 在 2004 年的研究结果一致。

总的来说，本研究的结果与前人的下地壳流地球动力学模型[29]和岩石圈底部部分拆沉的动力学模型(Molnar et al., 1993)相吻合[46]。在该地区，年轻的大陆下地壳广泛发育着地震反射层、低速层和低阻层以及下地壳流构造，而上地幔岩石圈发生部分拆沉后，产生的软流层物质的折返，说明地壳与上地幔必然存在着垂直对流的解耦构造。结合本研究结果，对青藏高原东南边缘以及华南块体的大地构造的形成及演化特征有以下两点认识：

(1)岩石圈构造与大陆缝合带模式

针对青藏高原东南部地区，许多地球物理学家以及地球动力学家提出了青藏高原与印度板块缝合带的关系为三种：碰撞、俯冲、折返。从本研究结果来看，我们认为是印度板块与欧亚板块在 50 Ma 发生碰撞后，印度板块岩石圈大规模地向欧亚板块东南方向俯冲。无论是在"热状态"还是"冷状态"下，由于印度板块的超大负重作用下，向下俯冲的岩石圈物质结构必然会发生变化，这时岩石圈的S波速度结构也将产生横向变化，岩石圈底部物质与上部岩石圈逐渐发生拆沉。从结果来看，在东经100°和101°的纵向切片图中北纬27°–32°约100~350 km处存在明显的高速异常区（图7–4、图7–5），且其上部覆盖着S波低速异常，恰好是软流层物质折返的证据。到102°的纵向切面上部的低速异常则消失，呈现出了高速异常。这说明印度板块在青藏高原东南部地区俯冲到了东经102°，遇见了四川盆地的阻挡。Liang等在青藏高原的南部地区也发现了印度板块的俯冲，古地磁的研究结果也证实了印度板块的俯冲这一观点（滕吉文，1985）[235]。

（2）岩石圈结构与区域构造特征

从岩石圈S波速度结构的横向变化来看，青藏高原东南边缘块体、四川盆地、华南块体的形成和演化环境不同。岩石圈拆沉以及转换带高速异常发育都受到岩石圈结构和水平挤压力的控制。青藏高原东南边缘在碰撞发生后，受印度板块挤压力的作用向东南方向挤压，东部地区受四川盆地的阻止，内部发生了强烈变形，壳内物质转向南北方向流动，地壳增厚，岩石圈下沉。上地幔低速层埋藏较浅（小于100 km），岩石圈为脆性，在挤压过程中容易发生断裂。四川盆地是大型的中生代沉积盆地，盆地内基底由岩浆岩杂岩体及各种深变质片麻岩组成，这些岩石的磁性强，结晶程度好，具有较高的导热性，有利于上地幔热源向上传导[236]。扬子板块中转换带的高速异常，来自于古太平洋板块向亚洲板块的俯冲。约100 Ma前太平洋板块处于现在的地理位置，当时的日本岛与亚洲大陆还没有分离，日本的双变质带就是太平洋向亚洲大陆俯冲的产物，太平洋板块的大规模扩张阶段开始于晚白垩世。在俯冲过程中，岩石圈底部发生拆沉，拆沉的物质停留在了转换带处。

以上结论和认识是根据地震资料中地壳各向异性、地壳厚度、地壳内V_p/V_s比值和S波速度结构得到的，在分析过程中虽然结合了地球物理学的其他结果以及地球动力学模型，但在一定程度也不可避免地存在着片面性。要正确认识青藏高原构造动力学，地面隆起以及岩石圈内结构的形成和演化还需要其他更多的资料，如地球化学、岩石学、地质学等进行综合分析。

第8章 结论及建议

8.1 结论

本研究基于接收函数理论，开发了接收函数集计算地壳各向异性的方法，同时采用改进的有限频层析成像技术研究了青藏高原东南部及华南地区的上地幔三维S波速度结构。首先，详细介绍了接收函数的方法原理及 $H-k$ 叠加方法，并采用该方法计算了研究区域内所有台站下方的地壳厚度和 V_p/V_s 比值。接着在接收函数理论的基础上研发了一套接收函数集计算地壳各向异性的方法。在该方法中系统分析了 Moho 面 Ps 转换波在接收函数集的径向和切向分量的到时及能量分布特征；并针对地壳方向各向异性结果的验证，提出了 Ps 转换波叠加信噪比的综合分析和谐波函数。随后采用有限频层析成像获取了青藏高原东南缘和华南块体的上地幔 S 波三维高分辨的速度结构。在有限频计算过程中改进了台站对的选择和地壳信息的校正方法，使上地幔三维速度结构清晰可靠，也消除了来自于地壳信息带来的误差。最后结合青藏高原东南部地区的地质、地球构造动力学、岩石学、地球物理等研究，综合探讨了青藏高原的抬升机制及其东南部地区的构造动力学与地壳各向异性和上地幔 S 波速度结构之间的关系。从中得到以下几个方面的结论：

（1）确定了青藏高原东南边缘区域部分台站下方具有明显的地壳各向异性，横波分裂方向一部分自东南向南方向倾斜，另一部分与龙门山断裂带向垂直。分裂时间从 0.24 s 到 0.90 s，平均分裂时间为 0.53 s。说明地壳内部存在较强的各向异性，为下地壳流模型提供了直接的地球物理依据。

（2）获得了青藏高原东南部地区各向异性校正后地壳厚度和 V_p/V_s 比值，它们的结果都是自东南向南和向四川盆地方向逐渐递减，表明青藏高原的地壳相对于周围地区物质成分的差异，可能含有较多的镁铁质成分，也可能在地壳内存在密度较低的物质流。

（3）对比了各向异性结果与 SKS/SKKS 上地幔各向异性结果，发现上地幔的快波方向与地壳的快波方向一致，并且平均分裂时间与 SKS 的分裂时间相差不大，这说明 SKS 的主要横波分裂时间可能来自于下地壳作用。另外，下地壳各向异性快波方向与面波在上地幔各向异性快波方向不同，并且各向异性分裂时间大小相差不大，表明地壳与上地幔构造是解耦的。

（4）有限频层析成像研究，发现在经度100°附近，约200～400 km存在着高速异常，并且其上部覆盖着低速异常，这可能是岩石圈部分拆沉的表现形式。拆沉过程中破坏了来自于厚而密度大物质所提供给岩石圈上部地壳的牵引力，这时软流层密度较小的物质上涌并提供了浮力，使得岩石圈上部的地壳被抬升。

（5）在经度101°区域自南向北存在一条连续的高速异常带，异常带的深度从100 km（约27°N）连续向深部400 km（约32°N）延伸。这说明北部远离印度板块地区的岩石圈发生拆沉的时间相对于靠近印度板块附近的岩石圈发生拆沉时间较早。

（6）层析成像还表明四川盆地自下地壳底部到深度为350 km处都存在着高速异常，这与四川盆地古老的克拉通有着密切关系。

（7）扬子板块中部的转换带处存在自东北沿海向西南延伸的高速异常体，为古太平洋俯冲板片的存在提供了有力依据。

综上所述，青藏高原的隆升是多阶段非均匀、不等速过程，包括有下地壳流以及上地幔岩石圈部分拆沉等多种机制联合作用的产物。

8.2 建议

首先通过接收函数集计算了地壳各向异性，得出上地幔和下地壳存在着解耦构造，但研究区域内部横波分裂来自于地壳各向异性还是上地幔各向异性，以及倾斜Moho面形态是进一步研究该地区的重点。所以针对该各向异性的研究提出以下两点建议：

（1）准备采用两层地球模型（地壳和上地幔），应用SKS方法进一步研究上地幔和地壳的各向异性特征。

（2）采用带地壳各向异性和倾斜Moho面时作接收函数的进一步数字模拟，检验该地区横波分裂受倾斜Moho面影响的大小。

其次采用地震波有限频层析成像方法研究了青藏高原东南部以及华南地区的S波三维速度结构，从中了解地球内部构造。为了进一步详细地研究地球内部的构造，只采用远震数据单个地震波的成像还不够，应针对有限频层析成像提出以下两点建议：

（1）将近震中的绝对走时数据引入层析成像中来，进而增加数据在该地区的覆盖率，结合远震数据进行联合反演，得出该区域详细的地球内部构造。

（2）采用已有的有限频层析成像技术，进一步构建研究区域的上地幔三维P波的速度模型。结合其他的地震分析结果，圈定研究区域内岩石圈厚度变化以及岩石圈拆沉等问题。

附　　录

附表 1　青藏高原东南缘区域地壳各向异性观测结果及台站基本参数

Station	Lon. (°)	Lat. (°)	TB[1]	H[2]/km	K[3]	n[4]	j /(°)[5]	Dt /s	SNR ana.[6]	Note[7]
SC. YGD	104.1	30.2	SB	49.0 ±1.0		1	77	0.1	0	
SC. JYA	103.9	29.8	SB	53.2 ±1.4	1.761 +0.007	1	160	0.34	0	
SC. HMS	104.4	29.6	SB	45.2 ±0.9	1.792 +0.015	2	54	0.32	1	
CQ. ROC	105.4	29.4	SB	41.3 ±0.8	1.708 +0.019	2	71	0.24	1	
SC. HWS	104.7	28.6	SB	40.8 ±0.7	1.777 +0.018	4	52	0.22	1	
SC. JLI	104.5	28.2	SB	39.3 ±1.3	1.765 +0.032	1	43	0.3	0	
SC. SMI	102.3	29.2	SB	51.2 ±0.7	1.829 +0.016	1	146	0.4	0	
SC. EMS	103.5	29.6	SB	50.0 ±0.9	1.722 +0.014	2	172	0.7	1	MC02 * 1670.61
SC. MDS	103	30.1	SB	48.3 ±0.9	1.776 +0.018	1	100	1.06	1	
SC. WMP	103.8	29.1	SB	41.4 ±1.3	1.856 +0.029	1	118	0.1	0	MC10 1350.90
SC. MBI	103.5	28.8	SB	46.9 ±0.8	1.740 +0.014	3	55	0.7	0	
SC. LBO	103.6	28.3	SB	52.5 ±0.9	1.689 +0.012	3	73	0.52	1	
YN. YAJ	104.2	28.1	SB	45.1 ±0.8	1.746 +0.014	1	157	0.3	0	
SC. BTA	99.1	30	TP	71.1 ±1.2	1.743 ±0.013	3	113	0.2	0	
SC. LTA	100.3	30	TP	57.8 ±0.8	1.803 +0.015	2	102	0.62	1	MC05 1000.85
SC. YJI	101	30	TP	62.1 ±1.9	1.767 +0.025	2	125	0.9	1	
SC. GZA	102.2	30.1	TP	60.5 ±1.3	1.863 +0.017	1	68	0.8	1	
SC. XCE	99.8	28.9	TP	62.6 ±0.9	1.739 +0.009	2	102	0.7	0	MC06 1590.55

续附表1

Station	Lon.	Lat.	TB[1]	H[2]/km	K[3]	n[4]	j /(°)[5]	Dt /s	SNR ana.[6]	Note[7]
	(°)	(°)								
SC. JLO	101.5	29	TP	61.2±0.8	1.812+0.012	3	147	0.58	1	
SC. MNI	102.2	28.3	TP	65.8±1.1	1.784+0.010	7	179	1.2	0	
SC. MGU	103.1	28.3	TP							MC11 1490.67
SC. LGH	100.9	27.7	TP	56.4±1.3	1.786+0.016	2	8	0.4	0	MC13 810.46
YN. ZOD	99.7	27.8	TP	55.3±0.6	1.780+0.011	1	0	1.1	0	MC14 1410.55
SC. YYU	101.7	27.5	TP	63.4±2.3	1.802+0.018	1	147	0.3	0	
SC. YYC	102.3	27.9	TP	59.8±1.1	1.762+0.012	1	90	0.8	1	
SC. XSB	102.4	27.9	TP	62.7±1.3	1.779+0.012	2	98	0.7	0	
SC. BYD	103.2	27.8	TP	48.8±1.0	1.883+0.019	1	161	0.98	1	
SC. PGE	102.5	27.4	TP	59.0±0.8	1.678+0.010	1	153	0.52	1	
SC. MLI	101.3	27.9	TP	48.8±0.7	1.701+0.015	1	115	1.2	1	
YN. GOS	98.7	27.7	TP	46.0±1.0		1	85	1	1	
YN. ZAT	103.7	27.3	TP	46.6±1.3	1.730+0.016	1	112	0.58	1	
YN. QIJ	102.9	26.9	TP	62.0±1.0		1	167	0.7	0	
YN. LIJ	100.2	26.9	TP	62.0±1.0		2	4	0.8	1	MC15 * 1610.30
YN. YOS	100.8	26.7	TP	56.0±0.7	1.704+0.012	3	145	1.5	0	
YN. HEQ	100.2	26.6	TP	52.0±1.2	1.773+0.020	2	159	0.7	1	MC15 * 1610.30
YN. HUP	101.2	26.6	TP	56.2±0.7	1.737+0.019	2	146	0.5	1	
SC. PZH	101.7	26.5	TP	55.5±3.3	1.686+0.035	1	135	0.9	0	MC17 590.50
SC. HLI	102.3	26.7	TP	48.0±0.8	1.713+0.023	1	115	1.5	0	
SC. SMK	102.8	26.9	TP	53.9±1.0	1.777+0.015	5	78	0.72	1	

续附表1

Station	Lon. (°)	Lat. (°)	TB[1]	H^2/km	K^3	n^4	j/(°)[5]	Dt/s	SNR ana.[6]	Note[7]
GZ. WNT	104.3	26.9	TP	50.1 ± 1.2	1.817 + 0.011	2	15	0.8	0	
YN. DOC	103.2	26.1	TP	46.9 ± 0.7	1.926 + 0.018	1	139	0.78	1	MC1895 0.61
GZ. BJT	105.4	27.2	YG	49.7 ± 1.0	1.672 + 0.013	3	50	0.6	0	
YN. XUW	104.1	26.1	YG	48.8 ± 0.9	1.647 + 0.016	1	147	0.3	0	
YN. LUS	98.9	25.8	YG	42.7 ± 1.1	1.735 + 0.023	3	179	0.3	0	
YN. YUL	99.4	25.9	YG	46.2 ± 0.9	1.716 + 0.021	2	153	0.7	0	
YN. EYA	100	26.1	YG	48.1 ± 0.9	1.715 + 0.017	3	168	0.5	1	
YN. TUS	100.3	25.6	YG	46.0 ± 1.2	1.670 + 0.021	1	100	0.56	1	
YN. DAY	101.3	25.7	YG	48.0 ± 1.0	1.651 + 0.009	1	75	0.1	0	
YN. YUM	101.9	25.7	YG	45.0 ± 1.8	1.724 + 0.032	2	109	0.1	0	
YN. LUQ	102.5	25.5	YG	45.0 ± 5.6	1.724 + 0.094	1	25	0.2	0	
YN. CUX	101.5	25	YG	49.4 ± 0.8	1.664 + 0.014	2	173	0.4	1	MC23 82 0.48
YN. HLT	102.8	25.2	YG	45.5 ± 0.9	1.723 + 0.027	4	115	0.22	1	
YN. KMI	102.7	25.1	YG	46.6 ± 1.2	1.702 + 0.031	2	175	0.12	0	
YN. MAL	103.6	25.4	YG	46.8 ± 0.9	1.659 + 0.019	1	33	0.1	0	
YN. YIM	102.2	24.7	YG	46.0 ± 1.1	1.665 + 0.026	1	43	0.7	0	
YN. LOP	104.3	24.9	YG	41.0 ± 1.2	1.705 + 0.021	1	149	0.52	1	
YN. MIL	103.4	24.4	YG	42.4 ± 0.9	1.731 + 0.019	2	19	0.4	0	
YN. TOH	102.8	24.1	YG	40.9 ± 0.9	1.790 + 0.028	7	70	0	0	MC24 73 0.28
YN. JIS	102.8	23.7	YG	41.5 ± 1.6	1.655 + 0.031	1	166	0.24	1	
YN. BAS	99.2	25.1	WB	39.0 ± 0.8	1.733 + 0.019	3	176	0.6	0	
YN. WAD	98.1	24.1	WB	36.3 ± 0.9	1.697 + 0.019	2	51	0.34	1	
YN. MAS	98.6	24.4	WB	34.5 ± 0.7	1.780 + 0.022	3	157	0.34	1	
YN. YOD	99.3	24	WB	33.4 ± 1.0	1.816 + 0.036	6	24	0.44	1	

续附表1

Station	Lon. (°)	Lat. (°)	TB[1]	H^2/km	K^3	n^4	j /(°)[5]	Dt /s	SNR ana.[6]	Note[7]
YN. YUX	100.1	24.4	WB	37.7±0.8	1.751+0.019	2	161	0.24	1	MC22 650.43
YN. LIC	100.1	23.9	WB	37.4±2.9	1.695+0.025	2	129	0.8	0	
YN. JIG	100.7	23.5	WB	38.1±0.9	1.629+0.020	1	139	0.1	0	
YN. CAY	99.3	23.1	WB	34.2±1.1	1.728+0.022	2	71	0.18	0	
YN. SIM	101	22.8	WB	35.0±0.9	1.758+0.033	2	29	0.44	0	
YN. MEL	99.6	22.3	WB	32.6±0.7	1.741+0.024	3	28	0.1	0	
YN. LAC	99.9	22.6	WB	35.7±0.8	1.673+0.021	1	111	0.62	1	
YN. JIH	100.7	22	WB	32.8±1.0	1.701+0.028	3	18	0	0	
YN. MLA	101.5	21.4	WB	33.4±1.2	1.682+0.034	1	154	0.44	1	
YN. YUJ	102	23.6	WB	37.1±4.2	1.710+0.073	2	115	0.58	1	
YN. JIP	103.2	22.8	WB	38.1±0.8	1.687+0.018	1	49	0.5	0	
YN. GEJ	103.2	23.4	SF	38.3±1.5	1.759+0.032	3	60	0.2	0	
YN. WES	104.3	23.4	SF	38.3±0.8	1.705+0.021	6	3	0.1	0	
YN. MLP	104.7	23.1	SF	35.1±1.4	1.687+0.048	3	97	0.5	1	
GZ. ZFT	105.6	25.4	SF	35.1±1.3	1.733+0.040	1	21	0.01	0	
YN. FUN	105.6	23.6	SF	36.3±0.8	1.673+0.022	1	163	0.54	1	

表头参数的上标数字代表意义如下：

1. 构造块体，SC：四川盆地；TP：青藏高原；YG：云贵高原；WB：云南西部地带，包括腾冲块体，昌宁—孟连，兰坪—思茅，哀牢山；SF：南中国块体。

2. 从地表开始的 Moho 面深度。

3. V_p/V_s 比值。

4. 谐变阶数。

5. 快波方向(相对于正北方向)。

6. 统计实验，0：负；1：正。

7. 2003—2004 MIT/CIGMR 台站网中的地震台站名。

＊表示 Lev 等(2006)研究中的 SKS 快波方向和横波分裂时间与本文中的台站距离相近。

附表2　龙门山地区的地壳各向异性观测结果及台站基本参数

Sta.	Log. (°)	Lat. (°)	TB[1]	No. Fs	H^2/km	K^3	n^4	t^5/s	SNR[6] (ana)	Note[7]
SFT	104.6	33.0	SG	37	55.9±0.2	1.675±0.013	135	0.56	1	
SHT	104.3	33.2	SG	43	52.4±1.0	1.673±0.023	114	0.34	1	
WXT	104.7	33.0	SG	235	48.0±0.6	1.664±0.010	131	0.76	1	102/1.93
DPT	104.8	32.9	SG	25			156	1.00	0	
YLT	105.0	32.8	SG	19	53.6±2.8		156	0.78	0	
SJB	104.5	33.1	SG	20			169	1.32	0	
WDT	105.0	33.4	SG	229	44.5±1.2	1.791±0.009	7	0.18	0	
ZHQ	104.4	33.8	SG	164	39.7±0.5	1.898±0.007	106	0.52	1	118/1.83
BAM	100.7	32.9	SG	165	63.5±0.6	1.733±0.015	116	0.90	1	
AXI	104.4	31.6	SG	245	42.8±0.1	1.725±0.001	170	0.06	0	
BTA	99.1	30.0	SG	303	67.3±0.7	1.805±0.005	108	0.22	0	
GZI	100.0	31.6	SG	278	63.1±0.1	1.753±0.005	140	0.54	1	170/1.50
DFU	101.1	31.0	SG	252	60.5±0.8	1.774±0.006	62	0.80	0	140/0.81
LTA	100.3	30.0	SG	274	59.9±0.4	1.741±0.005	99	0.54	1	97/0.94
MEK	102.2	31.9	SG	269	56.9±0.1	1.702±0.002	152	0.22	1	142/0.54
RTA	101.0	32.3	SG	292	57.9±1.5	1.800±0.018	149	0.28	1	155/1.16
JLO	101.5	29.0	SG	265	61.3±0.3	1.809±0.003	143	0.66	1	166/0.76
SPA	103.6	32.7	SG	125	66.7±0.3	1.632±0.004	26	1.50	0	
XJI	102.4	31.0	SG	259	60.5±1.2	1.790±0.007	115	0.72	1	142/0.65
XCE	99.8	28.9	SG	212	56.6±0.4	1.645±0.003	138	1.44	0	
YJI	101.0	30.0	SG	276	62.4±1.9	1.765+0.025	125	0.90	1	86/1.38
SMI	102.4	29.2	SG	247	51.2±0.7	1.829±0.016	139	0.62	1	110/0.9
BKT	105.2	32.8	LMS	22	34.9±1.2	1.683±0.003	130	0.48	1	
HSH	103.0	32.1	LMS	237	54.9±0.3	1.717±0.018	40	1.10	0	
MDS	103.1	30.1	LMS	201	48.8±0.9	1.766±0.028	106	1.02	0	
GZA	102.1	30.1	LMS	284	60.5±1.3	1.863+0.017	66	0.80	1	148/0.65
MXI	103.9	31.7	LMS	194	45.3±0.7	1.761±0.009	151	0.50	1	102/0.66

续附表2

Sta.	Log. (°)	Lat. (°)	TB[1]	No. Fs	H^2/km	K^3	n^4	t^5/s	SNR[6] (ana)	Note[7]
PWU	104.6	32.4	LMS	264	43.4±0.8	1.691±0.001	154	0.94	1	112/0.88
QCH	105.2	32.6	LMS	276	44.1±0.3	1.687±0.005	173	0.04	0	
WCH	103.6	31.5	LMS	245	50.3±1.2		125	1.44	0	
YZP	103.6	30.9	LMS	236	42.6±0.6	1.823±0.010	34	0.40	1	145/0.82
ZJG	104.7	31.8	LMS	285	41.1±0.2	1.724±0.004	14	0.08	0	
CD2	103.8	30.9	LMS	128	43.4±1.5	1.837±0.011	146	0.02	0	125/1.00
EMS	103.5	29.6	SC	250	50.0±0.9	1.722±0.014	169	0.62	1	110/0.62
ROC	105.4	29.4	SC	295	41.3±0.8	1.708±0.019	6	0.26	1	126/0.83
HMS	104.4	29.6	SC	296	45.2±0.9	1.792±0.015	60	0.48	1	138/0.73
HWS	104.7	28.6	SC	279	40.8±0.7	1.777±0.018	53	0.22	0	134/0.58
JLI	104.5	28.2	SC	282	39.3±1.3	1.765±0.032	49	0.26	0	
WMP	103.8	29.1	SC	269	41.4±1.3	1.856±0.029	122	0.18	0	
YGD	104.1	30.2	SC	251	49.0±1.0		83	0.06	0	
MNI	102.2	28.3	SC	198	65.8±1.1	1.784±0.010	100	0.76	0	
JYA	103.9	29.8	SC	234	53.2±1.4	1.761±0.007	160	0.34	0	
LBO	103.6	28.3	SC	242	52.5±0.9	1.689±0.012	79	0.44	0	
MBI	103.5	28.8	SC	245	46.9±0.8	1.740±0.014	56	0.62	0	140/2.0
MGU	103.1	28.3	SC	249	45.7±1.8		89	0.98	0	
YAJ	104.2	28.1	SC	254	45.1±0.8	1.746±0.014	164	0.20	0	
XCO	105.9	31.0	SC	290	44.5±0.1	1.795±0.001	113	0.06	0	
JMG	105.6	32.2	SC	285	43.1±1.6	1.743±0.007	20	0.18	0	
JJS	104.5	31.0	SC	192	41.5±1.6	1.796±0.009	71	0.00	0	109/0.67
L0201	105.9	32.5	SC	46	41.1		122	0.14	0	
L0203	104.7	31.7	SC	53			121	0.10	0	
L0204	105.6	32.5	SC	32	41.9		149	0.22	0	
L0206	104.8	31.9	SC	24			47	0.18	0	
L0207	105.3	32.2	SC	40	38.6		81	0.14	0	

续附表 2

Sta.	Log. (°)	Lat. (°)	TB[1]	No. Fs	H^2/km	K^3	n^4	t^5/s	SNR[6] (ana)	Note[7]
L0209	105.8	32.4	SC	5			48	0.44	0	
L0211	105.2	32.0	SC	9			72	0.10	0	
L0212	105.1	32.0	SC	49	39.0		102	0.06	0	
L0216	104.5	31.8	SC	8			42	1.50	0	

表头参数的上标数字代表意义如下：

1. 构造块体，SP：松潘—甘孜块体和北川滇块体；LMS：龙门山选山带；SC：四川盆地。

2. 从地表开始计算的 Moho 面深度。

3. V_p/V_s 比值。

4. 快波方向（相对正北方向）。

5. 分裂时间。

6. 统计实验：0，负；1，正。

7. 与本研究台站相近的台站上的 SKS 的分裂时间。

参考文献

［1］黄晓葛，白武明.地震波各向异性的研究进展［J］.地球物理学进展，1999，14（3）：54－65.

［2］于大勇.地壳上地幔结构的地震波各向异性层析成像研究［D］.南京大学，2014.

［3］杨国辉.菲涅耳体旅行时层析成像方法及应用研究［D］.厦门大学，2009.

［4］成谷，马在田，耿建华，等.地震层析成像发展回顾［J］.勘探地球物理进展，2002（3）：6－12.

［5］徐小明，史大年，李信富.有限频层析成像方法研究进展［J］.地球物理学进展，2009，24：432－438.

［6］朱介寿，江晓涛，范军，等.青藏高原东缘的地壳流［C］.中国地球物理2013——第八分会场论文集.2013.

［7］Niu F. Mapping lithosphere thickness beneath China with ScS reverberation data：what controls the intraplate seismicity in Mainland China［C］. Abstract S23E－02 presented at 2011 Fall Meeting AGU, San Francisco, Calif, 5－9 December 2011.

［8］常承法，潘裕生，郑锡澜，等.青藏高原地质构造［M］.北京：科学出版社，1982.

［9］吴功建，高锐，余钦范，等.青藏高原亚东－格尔木地学断面综合地球物理调查与研究［J］.地球物理学报，1991，34（5）：552－562.

［10］Molnar P, Tapponnier P. Cenozoic tectonics of Asia：effects of a continental collision［J］. Science, 1975, 189（4201）：419－426.

［11］Powell C M A, Conaghan P J. Plate tectonics and the Himalayas［J］. Earth and Planetary Science Letters, 1973, 20（1）：1－12.

［12］许志琴，杨经绥，李海兵，等.印度－亚洲碰撞大地构造［J］.地质学报，2011，85（1）：1－33.

［13］Tapponnier P, Molnar P. Slip－line field theory and large－scale continental tectonics［J］. Nature, 1976, 264（5584）：319－324.

［14］Hirn A, Lepine J., et al. Crustal structure and variability of the Himalayan border of Tibet［J］. Nature, 1984, 307：23－25.

［15］Zhang Z, Klemperer S L. West－east variation in crustal thickness in northern Lhasa block, central Tibet, from deep seismic sounding data［J］. Journal of Geophysical Research：Solid Earth (1978—2012), 2005, 110（B9）.

［16］王椿镛，吴建平，楼海，等.川西藏地区的地壳P波速度结构［J］.中国科学：2003，33（51）：181－189.

［17］钟大赉，丁林.青藏高原的隆起过程及其机制探讨［J］.中国科学：1996，（4）：289－295.

［18］许志琴，姜枚，杨经绥，等.青藏高原的地幔结构：地幔羽、地幔剪切带及岩石圈俯冲板片的拆沉［J］.地学前缘，2004，（04）：329－343.

[19] 曾融生, 朱介寿, 周兵, 等.青藏高原及其东部邻区的三维地震波速度结构与大陆碰撞模型[J].地震学报, 1992(S1): 523 – 533.

[20] 志琴, 姜枚, 杨经绥.青藏高原北部隆升的深部构造物理作用——以"格尔木—唐古拉山"地质及地球物理综合剖面为例[J].地质学报, 1996, (03): 195 – 206.

[21] Bird P. Initiation of intracontinental subduction in the Himalaya[J]. Journal of Geophysical Research: Solid Earth (1978 – 2012), 1978, 83(B10): 4975 – 4987.

[22] Kosarev G, Kind R, Sobolev S V, et al. Seismic evidence for a detached Indian lithospheric mantle beneath Tibet[J]. Science, 1999, 283(5406): 1306 – 1309.

[23] Tilmann F, Ni J, et al. Seismic Imaging of the Downwelling Indian Lithosphere Beneath Central Tibet[J]. Science, 2003, 300: 1424 – 1426.

[24] 曾融生, 丁志峰, 吴庆举, 等.喜马拉雅及南藏的地壳俯冲带——地震学证据[J].地球物理学报, 2000, 43(6): 780 – 797.

[25] 吴庆举, 曾融生, 赵文津.喜马拉雅 – 青藏高原的上地幔倾斜构造与陆 – 陆碰撞过程[J].中国科学, 2004, 10(10): 919 – 925.

[26] Tapponnier P, Peltzer G, Armijo R. On the mechanics of the collision between India and Asia [J]. Geological Society, London, Special Publications, 1986, 19(1): 113 – 157.

[27] Tapponnier P, Peltzer G, Ledain AY, et al. Propagating extrusion tectonics in Asia: new insights from simple experiments with plasticine[J]. Geology, 1982, 10: 611 – 616.

[28] Bird Peter. Lateral extrusion of lower crust from under high topography in the isostatic limit[J]. Geophysics, 1991, 96(6): 10275 – 10286.

[29] Royden L H, Burchfiel B C, King R W, et al. Surface deformation and lower crustal flow in eastern Tibet[J]. Science, 1997, 276(5313): 788 – 790.

[30] Clark M K, Royden L H. Topographic ooze: Building the eastern margin of Tibet by lower crustal flow[J]. Geology, 2000, (28): 703 – 706.

[31] Tapponnier P, Lacassin R, Leloup P H, et al. The Ailao Shan/Red River metamorphic belt: tertiary left – lateral shear between Indochina and South China[J]. Nature, 1990, 343: 431 – 437.

[32] Clark M. K, House M. A, Royden L. H. Late Cenozoic uplift of southeastern Tibet[J]. Geology, 2005, 33(6), 525 – 528.

[33] Schoenbohm L M, Burchfiel B C, Chen L. Propagation of surface uplift, lower crustal flow, and Cenozoic tectonics of the southeast margin of the Tibetan plateau[J]. Geology, 2006, 34(10): 813 – 816.

[34] Chen Z, Burchfiel B C, et al. Global Positioning System measurements from eastern Tibet and their implications for India/Eurasia intercontinental deformation[J]. Journal of Geophysical Research, 2000, 105(B7): 16215 – 16227.

[35] Zhang P, Shen Z, Wang M, et al. Continuous deformation of the Tibetan Plateau from global positioning system data[J]. Geology, 2004, (32): 809 – 812.

[36] Shen Z K, Lü J, Wang M, et al. Contemporary crustal deformation around the southeast

borderland of the Tibetan Plateau[J]. Journal of Geophysical Research, 2005, 110(B11).

[37] Meltzer S S, Bürgmann R, van der Hilst R. D, et al. Geodynamics of the southeastern Tibetan Plateau from seismic anisotropy and geodesy[J]. Geology, 2007, 35: 563 – 566.

[38] Bai D, Unsworth M. J, Meju M. A. Crustal deformation of the eastern Tibetan plateau revealed by magnetotelluric imaging[J]. Nature Geoscience, 2010, 3: 358 – 362.

[39] Wang C Y, Chan WW, Mooney W. D. Three – dimensional velocity structure of crust and upper mantlein southwestern China and its tectonic implications[J]. Journal Geophysics Research, 2003, 108 (B9): 2442(1 – 13).

[40] Nicolas A, Christensen N I. Formation of anisotropy in upper mantle peridotites—a review[J]. American Geophysical Union, Washington D. C, 1987, 16: 111 – 123.

[41] Mainprice D., Nicolas A. Development of shape and lattice preferred orientations: application to the seismic anisotropy of the lower crust[J]. Journal of Structural Geology, 1989, 11(1 – 2): 175 – 189.

[42] Tommasi A, Tikoff B, Vauchez A. Upper mantle tectonics: three – dimensional eformation, olivine crystallographic fabrics and seismic properties[J]. Earth and Planetary Science Letters, 1999, 168: 173 – 186.

[43] 高原, 滕吉文. 中国大陆地壳与上地幔地震各向异性研究[J]. 地球物理学进展, 2005, 20(1): 180 – 185.

[44] Silver P G. Seismic anisotropy beneath the continents: probing the depths of geology[J]. Annual Review of Earth and Planetary Sciences, 1996(24): 385 – 432.

[45] Houseman G A, McKenzie D P, Molnar P. Convective thinning of a thickened boundary layer and its relevance for the thermal evolution of continental convergent belts[J]. Journal of Geophysical Research, 1981, 86: 6115 – 6132.

[46] Molnar P, England P, Martinod J. Mantle dynamics uplift of the Tibetan plateau and the Indian monsoon[J]. Review of Geophysics, 1993, 31: 357 – 396.

[47] 洪淑蕙, Qi B K, Liu Y, 等. 龙门山地区地壳及上地幔结构的应用多重尺度有限频宽走时层析成像[J]. 国际地震动态, 2010, 24(6): 23 – 30.

[48] Poirier J P, Price G D. Primary slip system of iron and anisotropy of the Earth's inner Core[J]. Physics of the Earth and Planetary Interior, 1999, 110: 147 – 156.

[49] Christoffel E B. Ueber die Fortpflanzung von Stössen durch elastische feste Körper[J]. Annali di Matematica Pura ed Applicata (1867 – 1897), 1877, 8(1): 193 – 243.

[50] Postma G W. Wave propagation in a stratified medium[J]. Geophysics, 1955, 20(4): 780 – 806.

[51] Helbig K M A. Antiguales (Altertü mer) der Paya – Region und die Paya – Indianer von Nordost – Honduras[M]. 1956.

[52] RATTI A. [CONCEPTUAL PREMISES CONCERNING THE USE OF I – 131 LABELED LIPIODOL"F".][J]. Minerva nucleare, 1963, 83: 459 – 460.

[53] Crampin S. Evaluation of anisotropy by shear – wave splitting[J]. Geophysics, 1985, 50(1):

142 – 152.

［54］Crampin S and Booth D C. Shear wave polarization near the North Anatolia fault, II. Interpretation in terms of crack induced anisotropy［J］. Geophysical Journal International, 1985, 83(1): 75 – 92.

［55］Crampin S, Zatsepin S V. Modelling the compliance of crustal rock——II. Response to temporal changes before earthquakes［J］. Geophysical Journal International, 1997, 129(3): 495 – 506.

［56］Ando M, and Ishikawa Y. Observations of shear wave velocity polarization anisotropy beneath Honshu, Japan: Two masses with different polarizations in the upper mantle［J］. Journal of Physics of the Earth, 1982, 30(2): 191 – 199.

［57］Ando M, Kaneshima S. Estimation of upper mantle anisotropy from a short period shear wave splitting study［C］. EOS, Trans America Geophysical Chim, 1990, 71, 443.

［58］Anderson D L. Theory of the Earth［M］. Boston, M A: Blackwell Scientific Publications, 1989.

［59］Levin V, Park J. P – SH conversions in a flat – layered medium with anisotropy of arbitrary orientation［J］. Geophysical Journal International, 1997, 131(2): 253 – 266.

［60］Lev E, Long M D, van der Hilst R D, Seismic anisotropy in Eastern Tibet from shear wave splitting reveals changes in lithospheric deformation［J］. Earth and Planetary Science Letters, 2006, 251: 293 – 304.

［61］常利军. 云南地区上地幔各向异性研究［D］. 北京: 中国地震局地球物理研究所, 2005.

［62］Hirn A, Jiang M, Sapin M, et al. Seismic anisotropy as an indicator of mantle flow beneath Himalayas and Tibet［J］. Nature, 1995, 375: 571 – 574.

［63］Lave T, Avouac J P, Lacassin R, et al. Seismic anisotropy beneath Tibet: evidence for eastward extrusion of the Tibetan lithosphere［J］. Earth and Planetary Science Letters, 1996, 140: 83 – 96.

［64］Maggi A, Debayle E, Priestley K. Azimuthal anisotropy of the pacific region［J］. Earth and Planetary Science Letters, 2006, 250: 53 – 71.

［65］Wang CY, Flesch L M, Silver P G, Chang L J, Chan W W. Evidence for mechanically coupled lithosphere in central Asia and resulting implication［J］. Geology, 2008, 36: 363 – 366.

［66］Yao H, Beghein C, van der Hist R D. Surface wave array tomography in SE Tibet from ambient seismic noise and two – station analysis: II. Crustal and upper – mantle structure［J］. Geophysical Journal International, 2008, 173(1): 205 – 219 .

［67］Yao H, Van der Hilst R D, Montagner J P. Heterogeneity and anisotropy of the lithosphere of SE Tibet from surface wave array tomography［J］. Journal Geophysics Research, 2010, 115(B12): B12307.

［68］McNamara DE, Owens T J. Azimuthal shear wave velocity anisotropy in the Basin and Range Province using Moho Ps converte phases［J］. Journal Geophysics Research, 1993, 98(B7): 12003 – 12017.

［69］Liu. H and Niu. F. Estimating crustal seismic anisotropy with a joint analysis of radial and transverse receiver function data[J]. Geophysical Journal International , 2012(188): 144 – 164.

[70] Dahlen F A, Hung S H, Nolet G. Fréchet kernels for finite frequency travel – times—I. Theory [J]. Geophysical Journal International, 2000, 141: 157 – 174 .

[71] Hung S H, Dahlen F A, Nolet G. Fréchet kernels for finite frequency travel – times—II. Example[J]. Geophysical Journal International, 2000, 141: 175 – 203.

[72] Hung S H, Shen Y, Chiao L Y. Imaging seismic velocity structure beneath the Iceland hot spot: A finite frequency approach[J]. Journal of Geophysical Research, 2004, 109(B08305): 1 – 16.

[73] Montelli R, Nolet G, Dahlen F A, et al. Finite – Frequency Tomography Reveals a Variety of Plumes in the Mantle[J]. Science, 2004, 303: 338 – 343.

[74] Tromp J, Tape C, Liu Q Y. Seismic tomography adjoint methods with time reversal and banana – doughnut kernels[J]. Geophysics Journal International, 2005, 160(1): 195 – 216.

[75] Tape C, Liu Q Y, Tromp J F. Finite frequency tomography using adjoint method – methodology and examples using membrane surface waves [J]. Geophysical JournalInternational, 2007, 168(3): 1105 – 1129.

[76] Ren, Y. and Y. Shen (2008), Finite frequency tomography in southeastern Tibet: Evidence for the causal relationship between mantle lithosphere delamination and the north – south trending rifts[J]. J. Geophys. Res. , 113, B10316, doi: 10. 1029/2008JB005615

[77] Owens T J, Zandt G, Taylor S R. Seismic evidence for an ancient rift beneath the cumber – land Plateau Tennessee: A detailed analysis of broadband teleseimic P waveforms[J]. Journal Geophysics Research, 1984, 89: 7783 – 7795.

[78] Langston C A. Structure under Mount Rainier Washington inferred from teleseismic body waves [J]. Journal of Geophysical Research, 1979, 84: 4749 – 4762.

[79] Ammon C J. The isolation of receiver effect from teleseismic p waveforms[J]. Bulletin of the Seismological Society of America. 1991, 81(6): 2504 – 2510.

[80] 刘启元, Rainer Kind, 李顺成. 接收函数复谱比的最大或然性估计及非线性反演[J]. 地球物理学报, 1996, 39(4): 502 – 511.

[81] 刘启元, 李顺成, 沈扬, 等. 延怀盆地及其邻区地壳上地幔速度结构的宽频带地震台阵研究[J]. 地球物理学报, 1997, 40(06): 763 – 772.

[82] Yuan X, Ni J, Kind R, Mechie J and Sandvol E. Lithospheric and upper mantle structure of Southern Tibet from a seismological passive source experiment [J]. Journal Geophysics Research, 1997, 102(B12), 27491 – 27500.

[83] Dueker K G and Sheehan A F. Mantle discontinuity structure from midpoint stacks of converted P to S waves across the Yellowstone hotspots track[J]. Journal of Geophysical Research, 1997, 102(B4): 8313 – 8327.

[84] Ammon C J, Randall G E, Zandt G, et al. On the nonuniqueness of receiver function inversions [J]. Journal of Geophysical Research, 1990, 95(B10): 15303 – 15318.

［85］ Clayton R W, Wiggins R A. Source shape estimation and deconvolution of teleseismic body waves［J］. Geophysical Journal Research Astron Social, 1976, 47: 151 – 177.

［86］ Park J, Levin V. Receiver functions from Multiple – Taper Spectral Correlation estimates［J］. Journal of Geophysical Research, 2000(103): 26899 – 26917.

［87］ 吴庆举, 田小波, 张乃铃, 等. 计算台站接收函数的最大熵谱反褶积方法［J］. 地震学报, 2003, 04: 382 – 389. DOI: doi: 10.3321/j. issn: 0253 – 3782.2003.04.005.

［88］ Chen Y L, Niu F, Liu R F, et al. Crustal structure beneath China from receiver function analysis ［J］. Journal of Geophysical Research, 2010, 115: B03307(1 – 22).

［89］ Niu F, James D E. Fine structure of the lowermost crust beneath the Kaapvaal craton and its implications for crustal formation and evolution［J］. Earth and Planetary Science Letters, 2002, 200: 121 – 130.

［90］ Aki K, Richards P G. Quantitative seismology［M］. 1980, 55D Gate Five Road Sausalito, CA 94965.

［91］ Kennett B L, Engdahl N. Traveltimes for global earthquake location and phase identification［J］. Geophysical Journal International, 1991, 105(2): 429 – 465.

［92］ Li X Q, Yuan X H. Receiver functions in northeast China implications for slab penetration into the lower mantle in northwest Pacific subduction zone［J］. Earth and Planetary Science Letters, 2003(216): 679 – 691.

［93］ Gurrola H, Minster J B. Thickness estimation of the upper – mantle transition zone from bootstrapped velocities Petrum stacks of receiver functions ［J］. Geophysical Journal International, 1998, 133(1): 31 – 43.

［94］ Niu F, Baldwin T, Pavlis G, et al. Receiver function study of the crustal structure of the Southeastern Caribbean Plate Boundary and Venezuela［J］. Journal Geophysics Research, 2007, 112(B11): B11308(1 – 15).

［95］ Kanasewich E R. Time sequence analysis in geophysics［M］. University of Alberta, 1981.

［96］ Muirhead K J. Eliminating false alarms when detecting seismic events automatically［J］. Nature, 1968(217): 533 – 534.

［97］ Zhu L, Kanamori H. Moho depth variation in southern California from teleseismic receiver functions［J］. Journal Geophysics Research, 2000, 105(B2): 2969 – 2980.

［98］ Chevrot S, van der Hilst R D. The Poisson ratio of the Australian crust: geological and geophysical implications［J］. Earth and Planetary Science Letters, 2000, 183(1): 121 – 132.

［99］ Sun Y, Toksoz M N. Crustal structure of China and surrounding regions from P wave traveltime tomography［J］. Journal Geophysics Research, 2006, 111: B03310(1 – 20).

［100］ Nair S K, Gao S S, Liu K H, et al. Southern African crustal evolution and composition: constraints from receiver function studies［J］. Journal of Geophysical Research: Solid Earth (1978—2012), 2006, 111(B2).

［101］ Vinnik L P, Kind R, Kosarev G L et al. Azimuthal anisotropy in the lithosphere from observations of long – period S – waves［J］. Geophysical Journal International, 1989, 99:

549 – 559.

[102] Rabbel W, Mooney W D. Seismic anisotropy of the crystalline crust: What does it tell us? [J] Terra Nova, 1996, (8): 16 – 21.

[103] Babuska V, Cara M. Seismic Anisotropy in the Earth [M]. 1991, Kluwer Academic, Dordrecht.

[104] Sun Y, Niu Fenglin, Liu Huafeng, Chen Youlin, Liu Jianxin. Crustal structure and deformation of the SE Tibetan plateau revealed by receiver function data[J]. Earth and Planetary Science Letters, 2012, 349 – 350, 186 – 197.

[105] 张中杰. 地震各向异性进展[J]. 地球物理学进展, 2002, 17(2): 281 – 293.

[106] Sherrington H F, Zandt G, Frederiksen A. Crustal fabric in the Tibetan Plateau based on waveform inversions for seismic anisotropy parameters [J]. Journal Geophysics Research, 2004, 109(B2): B02312.

[107] Nataf H C, Montagner J P. Inversion of the azimuthally anisotropy of surface waves[C]. AGU, San Francisco, Calif, 1984, 65.

[108] Nishimura C E, Forsyth D W. Rayleigh wave phase velocities in the Pacific with implications for azimuthal anisotropy and lateral heterogeneities[J]. Journal Geophysics Research, 1988(94): 479 – 501.

[109] Hadiouche O, Jobert N, Montagner J P. Anisotropy of the African continent inferred from surface waves[J]. Physics of the Earth and Planetary Interiors, 1989, 58(1), 61 – 81.

[110] Karato S I. Seismic anisotropy in the deep mantle boundary layers and the geometry of mantle convection[J]. Pure Applied Geophysics, 1998, 151: 565 – 587.

[111] Montagner J P. Where can seismic anisotropy be detected in the Earth's mantle? In boundary layers[J]. Pure Applied Geophysics, 1998, 151: 223 – 256.

[112] Montagner J P, Guillot L. Seismic anisotropy and global geodynamics [J]. Reviews in Mineralogy and Geochemistry, 2002, 51(1): 353 – 385.

[113] Sun Y, Liu J, Zhou K, et al. Crustal structure and deformation under the Longmenshan and its surroundings revealed by receiver function data [J]. Physics of the Earth and Planetary Interiors, 2015, 244: 11 – 22.

[114] Forsyth D W, Shen Y. Phase Velocities of Rayleigh Waves in the MELT Experiment on the East Pacific Rise[J]. Science, 1998, 280(5367): 1235 – 8.

[115] 高原. 利用剪切波分裂研究地壳各向异性[J]. 安徽大学学报(自然科学版), 2006, 29: 205 – 211.

[116] Silver P G, Chan W W. Shear wave splitting and subcontinental mantle deformation[J]. Journal of Geophysical Research, 1991, 96(B10): 16429 – 16454.

[117] Keith C M, Crampin S. Seismic body waves in anisotropic media: Reflection and refraction at an interface[J]. Geophysical Journal International, 1997a, 49(1): 181 – 208.

[118] Keith C M, Crampin S. Seismic body waves in anisotropic media: Propagation through a layer [J]. Geophysical Journal International, 1997b, 49(1): 181 – 208.

[119] Booth D C, Crampin S. The anisotropic reflectivity technique: theory[J]. Geophysical Journal of the Royal Astronomical Society, 1983, 72(3): 755 - 766.

[120] 张中杰, 何樵登, 徐中信. 二维横向各向同性介质中人为边界反射的吸收 - 差分法弹性波场模拟[J]. 地球物理学报, 1993, 23(4): 519 - 527.

[121] 徐中信, 张中杰. 2D 非均匀各向异性介质中地震波运动学问题正演模拟[J]. 石油物探, 1989, 25(2): 37 - 49.

[122] Cerveny V. Seismic rays and ray intensities in inhomogeneous anisotropic media [J]. Geophysical Journal International, 1972, 29(1): 1 - 13.

[123] Silver P G, Chan W W. Implications for continental structure and evolution from seismic anisotropy[J]. Nature, 1988, 335: 34 - 39.

[124] 徐震, 徐鸣洁, 王良书, 等. 用接收函数 Ps 转换波研究地壳各向异性——以哀牢山—红河断裂带为例[J]. 地球物理学报, 2006, 49(2): 438 - 4481.

[125] 徐鸣洁, 王良书, 刘建华. 利用接收函数研究哀牢山 - 红河断裂带地壳上地幔特征[J]. 中国科学 D 辑, 2005, 35 (8): 729 - 737.

[126] Chen Y, Zhang Z, Sun C, et al. Crustal anisotropy from Moho converted Ps wave splitting analysis and geodynamic implications beneath the eastern margin of Tibet and surrounding regions[J]. Gondwana Research, 2013, 24(3): 946 - 957.

[127] Peng X, Humphreys E D. Moho dip and crustal anisotropy in northwestern Nevada from teleseismic receiver functions[J]. Bulletin Seismological Society America, 1997, 87(3): 745 - 754.

[128] Savage M K. Lower crustal anisotropy or dipping boundaries? Effects on receiver functions and a case study in New Zealand[J]. Journal Geophysics Research, 1998, 103: 15069 - 15087.

[129] Vinnik L, Montagner J P. Shear wave splitting in the mantle Ps phase [J]. Geophysical Research Letter, 1996, 23 (18): 2449 - 2452.

[130] Girardin N, Farra V. Azimuth anisotropy in the upper mantle from observations of Ps converted phases: Application to southeast Australia[J]. Geophysical Journal International, 1998, 133 (3): 615 - 629.

[131] Ozacar A A, Zandt G. Crustal seismic anisotropy in central Tibet: Implications for deformational style and flow in the crust[J]. Geophysical Research Letter, 2004, 31(23): L23601(1 - 4).

[132] Nagaya M, Oda H, Akazawa H, et al. Receiver Functions of Seismic Waves in Layered Anisotropic Media: Application to the Estimate of Seismic Anisotropy[J]. Bulletin Seismology Society America, 2008, 98(6): 2990 - 3006.

[133] Frederiksen AW, Bostock M G. Modeling teleseismic waves in dipping anisotropic structures [J]. Geophysical Journal International, 2000, 141: 401 - 412.

[134] Levin V, Roecker S, Graham P, et al. Seismic anisotropy indicators in Western Tibet: Shear wave splitting and receiver function analysis[J]. Tectonophysics, 2008, 462(1): 99 - 108.

[135] McNamara D E, Owens T, Silver P G. Shear - wave anisotropy beneath the Tibetan Plateau

[J]. Journal Geophysics Research, 1994, 99: 13655 – 13665.

[136] Iidaka T, Niu F. Mantle and crust anisotropy in the eastern China region as inferred from waveform splitting of SKS and PpSms[J]. Earth Planets Space, 2001, 53: 159 – 168.

[137] Bowman J R, Ando M. Shear – wave splitting in the upper – mantle wedge above the Tonga subduction zone[J]. Geophysical Journal International, 1987, 88 (1): 25 – 41.

[138] Wolfe C J, Silver P. G. Seismic anisotropy of oceanic uppermantle: shear wave splitting methodologies and observations[J]. Journal of Geophysical Research, 1998, 103, 749 – 771.

[139] Li J, Niu F. Seismic anisotropy and mantle flow beneath northeast China inferred from regional seismic networks[J]. Journal of Geophysical Research, 2010, 115: B12327.

[140] Masy J, Niu F, Levander A, Schmitz M. Mantle flow beneath northwestern Venezuela: seismic evidence for a deep origin of the Merida Andes[J], Earth planet Science Letter, 2011, 305: 396 – 400.

[141] Shiomi K, Park J. Structural features of the subduction slab beneath the Kii Peninsula, central Japan: seismic evidence of slab segmentation, dehydration and anisotropy [J]. Journal Geophysics Research, 2008, 113: B10318.

[142] Guibert J, Poupinet G, Jiang M. A study of azimuthal P residuals and shear – wave splitting across the Kunlun range (northern Tibetan Plateau)[J]. Physics of the Earth and Planetary Interiors, 1996, 95(3 – 4): 167 – 174.

[143] Xu L, Rondenay S, van der Hilst R D. Structure of the crust beneath the southeastern Tibetan Plateau from teleseismic receiver functions[J]. Physics of the Earth and Planetary Interiors, 2007, 165(3): 176 – 193.

[144] Watson M, Hayward A B, Parkinson D N, Zhang Z M. Plate tectonic history, basin development and petroleum source rock deposition onshore China[J]. Marine and Petroleum Geology, 1987, 4(3), 205 – 225.

[145] Pan S, Niu F. Large contrasts in crustal structure and composition between the Ordos plateau and the NE Tibetan plateau from receiver function analysis[J]. Earth and Planetary Science Letters, 2011, 303: 291 – 298.

[146] Christensen N I. Poisson's ratio and crustal seismology[J]. Journal of Geophysical Research, 1996, 101(B2): 3139 – 3156.

[147] Tarkov A P, Vavakin V V. Poisson's ratio behavior in crystalline e rocks: Application to the study of the Earth's interior[J]. Earth and Planetary Science Letters, 1982, 29: 24 – 29.

[148] Watanabe T. Effects of water and melt on seismic velocities and their application to characterization of seismic reflectors[J]. Geophysical Research Letter, 1993, 20 (2): 933 – 2936.

[149] Tatham D J, Lloyd GE, Butler R, Casey M. Amphibole and lower crustal seismic properties [J]. Earth and Planetary Science Letters, 2008, 267: 118 – 128.

[150] Lloyd G, Butler R, Casey M, Mainprice D. Deformation fabrics and the seismic properties of the continental crust[J]. Earth and Planetary Science Letters, 2009, 288: 320 – 328.

[151] Shen Z K, Lu J J, Wang M, Burgmann R. Contemporary crustal deformation around the southeastborderland of the Tibetan plateau [J]. Journal Geophysics Research, 2005, 110: B11409.

[152] Hacker B R, Gnos E, Ratsbacher L, et al. Hot and dry deep crustal xenoliths from Tibet[J]. Science, 2000, 287(5462): 2463 - 2466.

[153] Der Hilst B H. A geological and geophysical context for the Wenchuan earthquake of 12 May 2008, Sichuan, People's Republic of China[J]. GSA today, 2008, 18(7): 1 - 5.

[154] Wei W, Zhao D, Xu J. P - wave anisotropic tomography in Southeast Tibet: new insight into the lower crustal flow and seismotectonics[J]. Physics of the Earth and Planetary Interiors, 2013, 222: 47 - 57.

[155] Zhang Z, Wang Y, Chen Y, et al. Crustal structure across Longmenshan fault belt from passive source seismic profiling[J]. Geophysical Research Letters, 2009, 36(17).

[156] Owens T J, Zandt G. Implications of crustal property variations for models of Tibetan plateau evolution[J]. Nature, 1997, 387(6628): 37 - 43.

[157] Makovsky Y, Klemperer S L, Ratschbacher L, et al. Indepth wide - angle reflection observation of P - wave - to - S - wave conversion from crustal bright spots in Tibet[J]. Science, 1996, 274(5293): 1690 - 1691.

[158] 楼海, 王椿镛, 吕智勇, 等. 2008 年汶川 Ms 8.0 级地震的深部构造环境——远震 P 波接收函数和布格重力异常的联合解释[J]. 中国科学, 2008, 10: 1207 - 1220.

[159] Ji S, Wang Q, Salisbury M H. Composition and tectonic evolution of the Chinese continental crust constrained by Poisson's ratio[J]. Tectonophysics, 2009, 463(1): 15 - 30.

[160] Gao S, Zhang B R, Jin Z M, et al. How mafic is the lower continental crust? [J]. Earth and Planetary Science Letters, 1998, 161(1): 101 - 117.

[161] Wang E C, Meng Q R. Mesozoic and Cenozoic tectonic evolution of the Longmenshan fault belt [J]. Science in China Series D: Earth Sciences, 2009, 52(5): 579 - 592.

[162] Tapponnier P, Zhiqin X, Roger F, et al. Oblique stepwise rise and growth of the Tibet Plateau [J]. science, 2001, 294(5547): 1671 - 1677.

[163] SHI Yu - Tao, GAO Yuan, ZHANG Yong - Jiu, et al. Shear - wave splitting in the crust in Eastern Songpan - Garze block, Sichuan - Yunnan block and Western Sichuan Basin[J]. Chinese Journal of Geophysics - Chinese Edition, 2013, 56(2): 481 - 494.

[64] Kreemer C, Holt W E, Haines A J. An integrated global model of present - day plate motions and plate boundary deformation [J]. Geophysical Journal International, 2003, 154(1): 8 - 34.

[165] Wolfe C J, Silver P G. Seismic anisotropy of oceanic upper mantle: Shear wave splitting methodologies and observations[J]. Journal of Geophysical Research: Solid Earth (1978 - 2012), 1998, 103(B1): 749 - 771.

[166] Chang L J, Wang C Y, Ding Z F. Seismic anisotropy of upper mantle in Sichuan and adjacent regions[J]. Science in China Series D: Earth Sciences, 2008, 51(12): 1683 - 1693.

[167] Holt W E. Correlated crust and mantle strain fields in Tibet[J]. Geology, 2000, 28(1): 67 – 70.

[168] Sol S, Meltzer A, Bürgmann R, et al. Geodynamics of the southeastern Tibetan Plateau from seismic anisotropy and geodesy[J]. Geology, 2007, 35(6): 563 – 566.

[169] Huang J, Zhao D. High resolution mantle tomography of China and surrounding regions[J]. Journal of Geophysical Research: Solid Earth (1978 – 012), 2006, 111(B9).

[170] Lei J, Zhao D. Structural heterogeneity of the Longmenshan fault zone and the mechanism of the 2008 Wenchuan earthquake (Ms 8.0)[J]. Geochemistry, Geophysics, Geosystems, 2009, (10): 10.

[171] Zhao G Z, Chen X B, Wang L F, et al. Evidence of crustal'channel flow'in the eastern margin of Tibetan Plateau from MT measurements[J]. Chinese Science Bulletin, 2008, 53(12): 1887 – 1893.

[172] Zhang Y, Teng J, Wang Q, et al. Density structure and isostatic state of the crust in the Longmenshan and adjacent areas[J]. Tectonophysics, 2014, 619: 51 – 57.

[173] Beaumont C, Jamieson R A, Nguyen M H, et al. Himalayan tectonics explained by extrusion of a low – viscosity crustal channel coupled to focused surface denudation[J]. Nature, 2001, 414 (6865): 738 – 742.

[174] Bendick R, Flesch L. Reconciling lithospheric deformation and lower crustal flow beneath central Tibet[J]. Geology, 2007, 35(10): 895 – 898.

[175] Yang Y, Liu M. Crustal thickening and lateral extrusion during the Indo – Asian collision: A 3D viscous flow model[J]. Tectonophysics, 2009, 465(1): 128 – 135.

[176] Hu J, Xu X, Yang H, et al. S receiver function analysis of the crustal and lithospheric structures beneath eastern Tibet[J]. Earth and Planetary Science Letters, 2011, 306(1): 77 – 85.

[177] Li C, van der Hilst R D, Toksoz N M. Constraining spatial variations in P – wave velocity in the upper mantle beneath SE Asia[J]. Physics of the Earth and Planetary Interiors, 2006, 154: 180 – 195.

[178] Jia S X, Liu B J, Xu Z F, et al. The crustal structures of the central Longmenshan along and its margins as related to the seismotectonics of the 2008 Wenchuan Earthquake[J]. Science China Earth Sciences, 2013, 57(4): 1 – 14.

[179] Fielding E J, McKenzie D. Lithospheric flexure in the Sichuan Basin and Longmen Shan at the eastern edge of Tibet[J]. Geophysical Research Letters, 2012, 39(9).

[180] Chen B, Liu J, Kaban M K, et al. Elastic thickness, mechanical anisotropy and deformation of the southeastern Tibetan Plateau[J]. Tectonophysics, 2014, 637: 45 – 56.

[181] Liu – Zeng J, Zhang Z, Wen L, et al. Co – seismic ruptures of the 12 May 2008, M s 8.0 Wenchuan earthquake, Sichuan: East – west crustal shortening on oblique, parallel thrusts along the eastern edge of Tibet[J]. Earth and Planetary Science Letters, 2009, 286(3): 355 – 370.

[182] Dahlen F A, Baig A M. Fr'echet kernels for body – wave amplitudes[J]. Geophysical Journal International. 2002, 150: 440 – 466.

[183] Liang X, Shen Y, Chen YJ, et al. Crustal and mantle velocity models of southern Tibet from finite frequency tomography[J]. Journal Geophysics Research, 2011, 116(B2): B02408(1 – 17).

[184] 王春玉. 西藏地区上部地幔震波层析成像[M]. 台湾大学硕士论文, 1995.

[185] VanDecar J C, Crosson R S. Determination of the teleseismic relative phase arrival times using multichannel cross – correlation and least squares[J]. Bullutin of the seismological Society of America, 1990, 80(1): 150 – 169.

[186] Menke W. Geophysical data analysis: Discreste inverse theory[M]. Academic press, 1984.

[187] Paige C C, Saunders M A. LAQR An algorithm for spares linear equations and sparse lease squares[J]. ACM Transactions on Mathematical software, 1982, (8): 43 – 71.

[188] Liang X F, Sandvol E, Chen Y, et al. A complex Tibetan upper mantle: A fragmented Indian slab and no south – verging subduction of Eurasian lithosphere[J]. Earth and Planetary Science Letters, 2012, 333 – 334: 101 – 111.

[189] Cammaranoa F, Goesa S, Vacher P. Inferring upper – mantle temperatures from seismic velocities[J]. Physics of the Earth and Planetary Interiors, 2003, 138 (3 – 4) 197 – 222.

[190] Schmandt B, Humphreys E. Complex subduction and small – scale convection revealed by body – wave tomography[J]. Earth and Planetary Science Letters, 2010, 297(3 – 4): 435 – 445.

[191] Hammond W C, Humphreys E D. Upper mantle seismic wave velocity affects of realistic partial melt geometries[J]. Journal Geophysics Research, 2000, 105(B5): 10975 – 10986.

[192] 谢窦克, 毛建仁, 彭维震, 等. 华南岩石圈与大陆动力学[J]. 地球物理学报. 1997, 40(增刊): 154 – 163.

[193] Sun Y, Li X, Kuleli S, Morgan F D, et al. Adaptive moving window method for 3D Prelocity tomography and its application in China[J]. Bullutin Seismology Socical Amercial, 2004, 94: 740 – 746.

[194] Sun Y, Toksoz M N, Pei S, Morgan F D. The layered shear – wave velocity structure of the crust and uppermost mantle in China[J]. Bullutin Seismology Socical Amercial, 2008, 98: 746 – 755.

[195] Bassin C. The current limits of resolution for surface wave tomography in North America[J]. Eos Trans, AGU, 2000.

[196] Ritzwoller M H, Shapiro N M, Barmin M P, Levshin A L. Global surface wave diffraction tomography[J]. Journal Geophysical Research, 2002, 107, 2335.

[197] Li C, Van der Hilst R D, Meltzer A S, et al. Subduction of the Indian lithosphere beneath the Tibetan Plateau and Burma[J]. Earth and Planetary Science Letters, 2008, 274 (1 – 2): 157 – 168.

[198] Liang C, Song X. A low velocity belt beneath northern and eastern Tibetan Plateau from Pn tomography[J]. Geophysical Research Letters, 2006, 33(22): L22306(1 – 5).

［199］ Liang C, Song X, Huang J. Tomographic inversion of Pn travel times in China［J］. Journal Geophysics Research, 2004, 109(B1): B11304(1 – 19).

［200］ Wang S Y. Velocity structure of uppermost mantle beneath China continent from Pn tomography［J］. Science in China: Series D, 2002, 45(2): 143 – 150.

［201］ 张岳桥, 董树文, 李建华, 等. 中生代多向挤压构造作用与四川盆地的形成和改造［J］. 中国地质, 2011, 02: 233 – 250. DOI: doi: 10.3969/j.issn.1000 – 3657.2011.02.001.

［202］ 沈传波, 梅廉夫, 徐振平, 等. 四川盆地复合盆山体系的结构构造和演化［J］. 大地构造与成矿学, 2007, 03: 288 – 299. DOI: doi: 10.3969/j.issn.1001 – 1552.2007.03.004.

［203］ Wang Q, Zhang P Z, Freymueller J T, et al. Present – day crustal deformation in China constrained by global positioning system measurements［J］. science, 2001, 294(5542): 574 – 577.

［204］ Zhang Z, Yuan X, Chen Y, et al. Seismic signature of the collision between the east Tibetan escape flow and the Sichuan Basin［J］. Earth and Planetary Science Letters, 2010, 292(3): 254 – 264.

［205］ Li C, Van der Hilst R D. Structure of the upper mantle and transition zone beneath Southeast Asia from traveltime tomography［J］. Journal Geophysics Research, 2010(115): B07308.

［206］ Van der Hilst R D, Engdahl E R, Spakman W, Nolet G. Tomography imaging of subducted lithosphere below northwest Pacific island arcs［J］. Nature, 1991(353): 37 – 43.

［207］ Van der Hilst R D, Engdahl E R, Spakman W. Tomographic inversion of P and pP data for a spherical mantle structure below the northwest Pacific region［J］. Geophysical Journal International, 1993, 115: 264 – 302.

［208］ Fukao Y, Obayashi M, Inoue H, et al. Subduction slabs stagnant in the mantle transition zone［J］. Journal Geophysics Research, 1992, 97(B4): 4809 – 4822.

［209］ Fukao Y, Widiyantoro S, Obayashi M. Stagnant slabs in the upper and lower mantle transition region［J］. Review of Geophysics, 2001, 39(3): 291 – 323.

［210］ Miller M S, Kennett B L, Toy V G. Spatial and temporal evolution of the subducting Pacific plate structure along the western Pacific margin［J］. Journal Geophysics Research, 2006, 111(B2): B02401.

［211］ Qin J, Qian X, Huangpu G. The seismicity feature of the volcanic area in Tengchong［J］. Seismol. Geomagn. Obs. Res, 1996, (17): 19 – 27.

［212］ 王绍晋, 龙晓帆. 腾冲火山区及周围地区震源机制与构造应力场分布特征［J］. 地震研究, 1998, (04): 349 – 357.

［213］ Kan R, Zhao J, Kan D. The tectonic evolution and volcanic eruption in Tengchong volcanic and geothermal region (in Chinese). Seismology Geomagnetic Observation Research, 1996, (17): 28 – 33.

［214］ Huang W C, Ni J, Tilmann F, et al. Seismic polarization anisotropy beneath the central Tibetan Plateau［J］. Journal Geophysics Research, 2000, 105(B12): 27979 – 27989.

［215］ 王椿镛, W. D. Mooney, 王溪莉, 等. 川滇地区地壳上地幔三维速度结构研究［J］. 地震学

报, 2002(01): 1 – 16. DOI: doi: doi: 10. 3321/j. issn: 0253 – 3782. 2002(01): 001.

[216] Hearn T. M, Wang S, Ni J. F, Xu Z, et al. Uppermost mantle velocities beneath China and surrounding regions[J]. Journal Geophysics Research, 2004, 109: B11301.

[217] Lebedev S, Nolet G. Upper mantle beneath southeast Asia from S velocity tomography[J]. Journal Geophysics Research, 2003, 108: B12048.

[218] Yin A, Harrison T M. Geologic evolution of the Himalayan – Tibetan orogen[J]. Annual Review ofEarth and Planetary Sciences, 2000, 28(1): 211 – 280.

[219] Le Pichon X, Fournier M, Jolivet L. Kinematics, topography, shortening, and extrusion in the India – Eurasia collision[J]. Tectonics, 1992, 11(6): 1085 – 1098.

[220] Henry P, Le Pichon X, GofféB. Kinematic, thermal and petrological model of the Himalayas: constraints related to metamorphism within the underthrust Indian crust and topographic elevation[J]. Tectonophysics, 1997, 273(1): 31 – 56.

[221] Fukao Y, Obayashi M, Nakakukit, Stagnant slab: a review[J]. Annu. Rev. Earthplanet. Sci., 2009(37): 19 – 46

[222] Zhao D. Seismological structure of the subduction zones and its implication for arc magmatism and dynamics[J]. Phys. Earth Planet. Inter., 2001, 127: 197 – 214.

[223] Zhao D. Global tomographic images of mantle plumes and subducting slabs: insight into deep Earth dynamics[J]. Phys. Earth Planet. Inter., 2004, 146: 3 – 34.

[224] Zhao D, Ohtani E. Deep slab subduction and dehydration and their geodynamic consequences: evidence from seismology and mineral physics[J]. Gondwana Res, 2009(16): 401413

[225] Zhao D, YU S, OHTANI E. East Asia: Seismotectonics, magmatism and mantle dynamics[J]. Journal of Asian Earth Sciences, 2011, 40: 689 – 709.

[226] Ye L, Li J, Tseng T, et al. A stagnant slab in a water – bearing mantle transition zone beneath northeast China: implications from regional SH waveform modeling[J]. Geophys. J. Int., 2011, 186: 706 – 710.

[227] Ohtani E, Zhao D. The role of water in the deep upper mantle and transition zone: dehydration of stagnant and its effects on the big mantle wedge[J]. Russ. Geol. Geophys., 2009, 50: 1073 – 1078.

[228] Zhao D, Wang Z, Umino N, et al. Mapping the mantle wedge and interplate thrust zone of the northeast Japan arc[J]. Tectonophysics, 2009, 467: 89 – 106.

[229] Xu P, Zhao D. Upper – mantle velocity structure beneath the North China Craton: implications for lithospheric thinning[J]. Geophys. J. Int., 2009(177): 1279 – 1283.

[230] 滕吉文. 西藏高原地区地壳上地幔地球物理研究概论[J]. 地球物理学报, 1985, 28(1): 1 – 15.

[231] Brace W F, Kohlstedt D L. Limits on lithospheric stress imposed by laboratory experiments[J]. Journal of Geophysical Research. 1980, 85(B11): 6248 – 6252.

[232] unbar J A, Sawyer D S. Continental rifting at pre – existing lithospheric weaknesses[J]. 1988, 333: 450 – 452.

[233] 杨晓松，金振民.大陆科学钻探中岩石物理性质研究的意义[J].地学前缘，1998，(4)：338 - 346.

[234] Zhou Y, Dahlen F A, Nolet G. Three - dimensional sensitivity kernels for surface wave observable[J]. Geophysical Journal International, 2004, 158: 142 - 168.

[235] Gu Y, Okeler A. Schultz R. Tracking slabs beneath northwestern Pacific subduction zones[J]. Earth Planet. Sci. Lett. , 2012, 331 - 332: 204 - 217.

[236] 张先虎，喜凤，等.四川盆地及其西部边缘震区居里等温面的研究[J].1996，18(1)：83 - 88.

图书在版编目(CIP)数据

青藏高原东南缘地面隆升机制的地震学研究/孙娅,柳建新,钮凤林著.
—长沙:中南大学出版社,2015.10

ISBN 978 – 7 – 5487 – 2085 – 0

Ⅰ.青...　Ⅱ.①孙...②柳...③钮...　Ⅲ.青藏高原 – 地面 – 隆起 –
地震学 – 研究　Ⅳ.TF812

中国版本图书馆 CIP 数据核字(2015)第 296047 号

青藏高原东南缘地面隆升机制的地震学研究

孙　娅　柳建新　钮凤林　著

□责任编辑　刘石年　　胡业民
□责任印制　易红卫
□出版发行　中南大学出版社
　　　　　　社址:长沙市麓山南路　　　　邮编:410083
　　　　　　发行科电话:0731-88876770　　传真:0731-88710482
□印　　装　长沙超峰印务有限公司

□开　　本　720×1000　1/16　□印张 10.25　□字数 194 千字
□版　　次　2015 年 10 月第 1 版　　□印次　2015 年 10 月第 1 次印刷
□书　　号　ISBN 978 – 7 – 5487 – 2085 – 0
□定　　价　50.00 元